赤峰市耕地质量保护提升
与减肥增效技术推广

聂大杭　李延军　查　娜
苑喜军　孙薇薇　程瑞宝　主编

中国农业出版社

北　京

编　委　会

主　　任：左慧忠
副 主 任：李延军　王嘉兴　黄国成　黄景广
技术顾问：王跃飞　傅晓杰　邰翻身　陈阳　罗军

主　　编：聂大杭　李延军　查　娜　苑喜军　孙薇薇　程瑞宝
副 主 编：车璐　李菲　高建民　周乐　李季　黄景广
　　　　　王晓峰　黄国成　朱向琦　张莹
参　　编（按姓氏笔画排序）：

丁青坡　丁强强　于志承　于泽涛　马国春　王　瑞
王丽艳　王国全　王春红　王莉萌　王海彤　王清华
王淑华　王鑫玉　乌日古木拉　乌学敏　乌朝鲁门
金　萌　尹继伟　石　磊　田　伟　付　丽　白云龙
仝则乾　冯　彬　司立民　吕秀艳　朱文科　乔志刚
任品会　刘　庆　刘　铭　刘　鑫　刘亚茹　刘志凤
刘丽丽　刘宏金　刘桂军　刘淑艳　闫立伟　那仁图雅
孙　劼　李　欣　李　彦　李海东　吴立军　吴丽艳
邹文佳　沈喜东　张　璇　张三强　张建玲　张晓芳
张晓荣　张葳葳　张富国　陈文虹　陈明波　陈蕾蕾
武　岩　苑国霞　呼吉亚　岳　霄　周　军　郑佳航
赵克军　赵铁峰　钟志伟　姚　志　姚宇多　徐雅洁
高亚娟　郭丽波　郭显林　陶建珍　董天宇　董春浩
董静亚　鲍新玥　戴　琦

目 录

1

第一章
赤峰市基本情况

第一节　赤峰市地理位置与行政区划

　　赤峰市位于内蒙古自治区东南部，内蒙古、河北、辽宁三省份交汇处，地理坐标为 41°17′10″—45°24′15″、116°21′07″—120°58′52″。东西宽 350km，南北长 443km，总面积 90 021.22km²。东部、东南部分别与内蒙古通辽市和辽宁朝阳市相连，西南部与河北承德市接壤，西部、北部与锡林郭勒盟毗邻。

　　赤峰市属内蒙古自治区地级市，辖 3 个区（红山区、元宝山区、松山区）、7 个旗（阿鲁科尔沁旗、巴林左旗、巴林右旗、克什克腾旗、翁牛特旗、敖汉旗、喀喇沁旗）、2 个县（林西县、宁城县），有蒙古族、汉族、回族、满族等 30 多个民族。市政府驻赤峰市新城区。

　　赤峰在汉语中乃红山之意，蒙古语为"乌兰哈达"，因城区东北部赭红色山峰而得名。赤峰市原为昭乌达盟，昭乌达为蒙语，汉译"百柳"之意。1983 年撤销昭乌达盟设赤峰市。

第二节　赤峰市气候

一、赤峰市主要气候特点

　　赤峰市属中温带半干旱大陆性季风气候区。冬季漫长而寒冷，春季干旱多大风，夏季短促炎热、雨水集中，秋季短、气温下降快、霜冻降临早。大部地区年平均气温为 0～7℃。赤峰市年降水量的地理分布受地形影响比较显著，不同地形区差别很大，在 300～500mm。大部地区年日照时长为 2 700～3 100h。每年 5—9 月天空无云时，日照时长可达 12～14h，多数地区日照百分率为 65％～70％。光照充足，雨热同期，有利于植物生长和物质的转化与积累。风力资源丰富，大多数地区具有风能开发利用价值。

赤峰市气象灾害种类多，干旱、低温、霜冻、大风、寒潮以及局部地区暴雨、冰雹、暴风雪、冷雨等，年年都有发生，有的交替出现，对农、牧、林业危害较大。

二、赤峰市四季气候特征

1. 春季（3—5 月）

春季赤峰市处在南北气流的复合带南侧，蒙古气旋过境频繁，气温变化剧烈，是天气多变的时节。降水少，气温上升快，蒸发量大，春风大且多。大风日数占全年的 47％。空气湿度低，是四季中空气湿度最低的季节。

2. 夏季（6—8 月）

赤峰市夏季短。夏季雨最集中，占全年降水量的 70％，多为暴雨，往往造成局部洪涝灾害，并且常出现不同程度的伏旱。

3. 秋季（9—10 月）

气温下降快，霜冻来临早。

4. 冬季（11 月至翌年 2 月）

赤峰市冬季气候特点是漫长寒冷，降雪少，最冷的是 1 月，东南部最低气温达－32～－30℃，西北部（克什克腾以西）－36℃，经常出现寒流、降温天气。大风日数仅次于春季。

第三节　赤峰市水文地质

赤峰市主要水系有 4 条。

乌尔吉沐沦河水系：包括乌兰坝河、浩尔吐河、干支嘎河、乌兰白旗河、查干白旗河、沙力河、欧沐沦河、黑沐沦河，总流域面积为 27 917km²。

西拉沐沦河水系：包括萨岭河、毕柳河、查干沐沦河、少郎河、古力古台河、沙巴尔太河、嘎斯汰河等 13 条河流，总流域面积为 28 961km²。

教来河水系：包括白塔子河、李家窝铺河、干沟子河、高力板河、腾克力河、孟克河，总流域面积为 12 397km^2。

老哈河水系：包括黑里河、英金河、饮马河、汐子河、锡伯河、西路嘎河等 19 条河流，总流域面积为 28 463km^2。

除此之外，还有贡格尔河、锡林郭勒河、伊和吉林郭勒河和巴嘎吉林郭勒河。贡格尔河流入达里诺尔，其余 3 条河流入锡林郭勒盟，止于沼泽或沙地。地表水年平均径流量为 32.67 亿 m^3。

赤峰市河流（不包括内陆河）一级支流 31 条，二级支流 13 条。多年平均径流量为 32.67 亿 m^3，地下水资源均分布于各河道两岸，可开采量为 10.05 亿 m^3。

赤峰市湖泊泡沼 72 处，水面积为 3.3 万多 hm^2。其中最大湖面为达里诺尔湖，面积达 2.38×10^4 hm^2，是赤峰市主要的天然繁殖产鱼区。达里诺尔湖也是内蒙古自治区第二大湖，平均水深 10m，湖区盛产瓦氏雅罗鱼。以达里诺尔湖为中心，建立了国家级自然保护区。该保护区是以保护珍稀鸟类及其赖以生存的湖泊、湿地、草原、林地等多样的生态系统为主的综合性保护区。保护区内栖息着 16 目 33 科 134 种鸟类，其中国家重点保护鸟类 23 种，是草原生态旅游的理想之地。赤峰市有水库 20 余座。其中旅游开发价值较大的有红山水库、三座店水库、打虎石水库、白音花水库、沙那水库、马鞍山水库和草原水库等。

第四节　赤峰市地形地貌

赤峰市在地貌类型上主要有山地、高原、熔岩台地、丘陵和沙丘平原。

一、山地地貌

赤峰市境内的大兴安岭南段山地是典型的阶梯状上升山地，阶梯状的断裂造成夷平面的多层阶梯，所以多数山山顶平齐、山坡浑圆，组成山体的主要岩石为火成岩，其中花岗岩、玄武岩分布面积最大。主脉呈东北西南走向，西南高东北低，海拔在 1 200～1 600m，相对高度 100～500m，其主峰在克什克腾旗黄岗梁，海拔 2 034m。由于断块倾斜面对称隆起，山岭东侧呈明显的阶梯状，从中山、低山、丘陵、台地过渡到山麓平原。西坡较缓，与起伏不平的内蒙古高原相接。

燕北山地的七老图山和努鲁尔虎山是中生代燕山期造山运动形成的，山顶呈浑圆状，地形西高东低、坡状倾斜。山体破碎切割剧烈，冲蚀沟壑自上而下，鸡爪形沟壑遍布山体，植被稀疏，水土流失严重，海拔高度在600～1 000m。

二、高原地貌

克什克腾旗的西部为内蒙古高原的东部边缘，地质构造属于锡林郭勒拗陷带，主要由中生代和第三纪沉积岩、玄武岩组成，其地表为第四纪沉积物所覆盖，局部有第三纪湖相沉积物裸露于地表，海拔为1 200～1 400m，主体为波状起伏的高平原，并有沙丘、湖泊、山丘等小地貌分布。高平原南部为浑善达克沙地的东部边缘，大部分为固定和半固定沙丘，植被较好，覆盖度在30%～70%。

三、熔岩台地地貌

克什克腾旗东南部、松山区西北部、翁牛特旗西部分布有中生代新老熔岩台地，第三纪时受新构造运动的影响，火山喷发熔岩外溢，形成了大面积的熔岩台地，被地质外应力的作用强烈地切割，深200～600m，形成平缓的台面、陡峭的边坡和谷地。台地以玄武岩为主，海拔在1 000～1 800m，台地面上有以火山锥丛为中心的放射状沟谷，大多为干沟。台地表面为第四纪黄土所覆盖，其下部有第三纪古土壤层。

四、丘陵地貌

丘陵是赤峰市的主要地貌类型，丘陵地区约占总面积的42%。以西拉沐沦河为界由南、北两部分组成，北部丘陵是大兴安岭南段山地向山前倾斜坡状平原过渡地区，北靠中山，南接山前平原，腹地山川交错、山峰散立、丘陵起伏，地势由西北向东南坡状倾斜，海拔在500～900m，乌力吉沐沦河、查干沐沦河流域，植被稀疏，侵蚀切割剧烈，沟深谷宽，川地开阔。山地丘陵上部多为岩石裸露的秃山，其中部坡度和缓，大部为草地牧场，坡脚与沿河川地地面平坦、土层深厚、大部分已被辟为农田。

南部以黄土丘陵为主，黄土覆盖厚度不等，总体上属薄层黄土，厚度一般在 10～30m，丘顶浑圆，起伏和缓。另有部分石质丘陵，坡度较小。黄土丘陵地区植被稀疏，侵蚀剥蚀剧烈，沟壑遍地，地形破碎，水土流失十分严重。河谷阶地及川地地势平坦、土层深厚、土质肥沃、水利条件较好、气候温和，是重点农业区。

五、沙丘平原地貌

赤峰市沙地主要分两大片，即西部浑善达克沙地和东部科尔沁沙地，西部浑善达克沙地植被盖度较高，主要有沙地疏林、沙地灌丛、沙地半灌木、草甸等。由于多年来不合理的开垦、樵采等，沙地沙化过程加剧。科尔沁沙地北靠大兴安岭低山丘陵，南临黄土丘陵，南北隆起，西窄东宽呈楔形分布于中东部，地表由松散的第四纪沉积物组成。在强劲风力的作用下，地表松散沉积物受到吹蚀和再堆积，形成沙丘覆盖平原。其特征是沙丘密布、坨甸相间，地表沙丘波状起伏，沙丘高度一般为 3～5m，也有高 10～30m 的大沙山。沙丘类型以复合沙垄为主，也有新月形沙丘链等类型，丘间洼地多为甸子草原，低洼处积水成湖。在老哈河西岸和西拉沐沦河下游地段分布着大片流动沙丘，其他地区多为固定沙丘和半固定沙丘。地势由西向东或向东北倾斜，海拔一般为 300～500m。

第五节　赤峰市土壤母质

赤峰市在地质上处于蒙古地槽、松辽中间地块、内蒙古地轴交接部位，地质条件复杂，作为成土母质的地壳表层物质多种多样。在南北中低山地及西部高原分布有侏罗纪、白垩纪、二叠纪等侵入或沉积的酸性岩、基性岩、中性岩、泥页岩、砂岩及沙砾岩。其表面的残积坡积物是赤峰市山地土壤的主要成土母质。其余地区多为第四纪地层，早中更新世地层出露较少，一般都被晚更新世或全新世地层覆盖。归纳起来赤峰市母质类型主要有残积坡积物母质、黄土及黄土状母质、红土母质、沙土母质、冲积母质、洪积母质、湖积母质等。

一、残积坡积物母质

残积坡积物母质属于基岩就地风化的产物，广泛分布于北部大兴安岭山地和南部努鲁尔虎—七老图山地及其山前石质丘陵和西部的玄武岩台地上。风化层较薄，一般在 10～50cm。经重力或流水等作用，沿坡面移动重新堆积形成坡积物，厚度一般在 1～2m。土体砾石含量在 10％～50％，接近基岩部位往往出现较多的石块，质地粒级组成变幅大，从石块到黏粒，不同粒径的颗粒混杂，无明显分选性，颗粒磨圆度差。这种母质堆积厚度及砾石含量受局部地形影响较大，一般阳坡、陡坡的上部母质层较薄，多在 20～40cm，砾石多，而阴坡、缓坡下部母质层堆积较厚，可达 1m 左右，同时砾石含量相对降低。残积坡积物母质的分布范围与其母岩存在的范围是基本一致的。

二、黄土及黄土状母质

黄土是赤峰地区面积最大、分布最广的成土母质之一，主要在第四纪间冰期由风搬运堆积形成，分布于北部大兴安岭东麓山前丘陵，努鲁尔虎—七老图山地北麓和东麓的广大丘陵上最为集中。多为马兰黄土，一般呈黄色或浅棕黄色，颗粒分选性好，质地均一，大部分为轻中壤。从机械组成上看，粒径在 0.05～0.25cm 的细沙级和 0.01～0.05cm 的粗粉沙级颗粒占 60％～80％。几乎没有＞1cm 的粗沙，0.25～1cm 的中沙含量也很低。但各地黄土颗粒粗细也略有差别。据野外观察，北部巴林左旗、林西县、巴林右旗等地黄土质地稍粗，向南至赤峰、敖汉一带变细；靠近沙地周围的黄土颗粒稍粗，而远离沙地的黄土颗粒则变细。黄土土体深厚，一般为 5～10m，个别处达几十米。总的趋势为北部薄一些，南部则比较深厚。黄土垂直节理发达、疏松多孔，富含碳酸钙，碳酸钙含量为 5％～10％，分布形态为波状起伏黄土丘陵或覆盖于山体中下部形成坡积物。南部低山丘陵区黄土覆盖高度一般在 700m 以下，而北部和西部山地黄土虽然较少，但出现高度随基础面海拔的增高而升高。如北部大兴安岭山地和西部的七老图山地可在 1 000m 的坡脚见有黄土堆积。在西部熔岩台地以及高原面上黄土甚至可在 1 200～1 600m 的平面上出现。黄土丘陵和黄土覆盖的坡面一般较平缓，不像石质山体那样陡峻，坡度一般在 20°以下，其中小于 15°的缓坡最为多见。黄土地区侵蚀严重，特别是在南部黄土丘陵区，侵蚀沟密度很大。

此外，在黄土丘陵的坡脚以及黄土与残积坡积物的过渡地段，由于水或重力的作用，原来堆积的原生黄土发生短距离移动后又重新堆积或与残积坡积物混杂，其黄土的基本属性并没有改变，被称为黄土状物。

三、红土母质

这里所说的红土，多数是沉积年代较久的黄土（Q₂），俗称老黄土，但因其颜色发红，机械组成富含黏粒，质地黏重，多为中重壤，断面口往往有层状的石灰结核或棕红色土层。个别侵蚀严重的地段，石灰结核裸露于地表。它们这些特性对土壤属性影响较大，把其作为单独成土母质对待。赤峰市红土分布广泛，有的资料上称其为赤峰黄土或宁城黄土，并指出赤峰黄土即离石黄土。赤峰黄土与华北离石黄土化学成分接近，石英、长石、云母等矿物含量极高，而重矿物含量极低。红土的矿物成分复杂、来源广泛，是火成岩、变质岩和沉积岩等岩石风化的矿物颗粒经搬运堆积而形成的。红土多数埋藏于马兰黄土之下，仅在局部平缓的漫岗出现于地表或偶见于黄土丘陵剥蚀严重的地方。此外，个别地区零星有小面积的第三纪红色泥岩露出地表，也将其归为红土母质。红土出现较多的地方主要有阿鲁科尔沁旗的先锋乡、白城子林场、坤都镇附近，巴林左旗南部毛宝力格，巴林右旗的黄花庙林场一带以及敖汉新惠镇、王营子、大甸子、宝国吐乡，宁城县的八肯中、一肯中等地。

四、沙土母质

沙土母质包括现代风积沙以及形成年代较久的第四纪晚更新世河湖相沉积沙两种母质类型。风积沙主要以流动、半固定、固定沙丘或沙地的形态分布于东部的科尔沁沙地和西部的浑善达克沙地，是赤峰市面积较大而且相对集中的母质类型之一。风积沙质地均一，多为呈松散状态的沙粒、粉沙粒，由于现代风的作用稳定性较差，易活化移动。此种母质上发育的土壤主要是年幼的风沙土。河湖相沉积沙是在特定的地质条件下形成的，分布于西部高原丘间平甸及河湖侵蚀阶地上，此外，阿鲁科尔沁旗东南部绍根一带的沙地也属此种类型，它们形成的地质年代多属于第四纪晚更新世。沙土的主要特点：①所处地域地形开阔平坦，属现代侵蚀地貌而不是风积地貌。②沙粒较现代风积沙粗，并可发现铁锈浸染现象，有的在较深的部位发现磨圆度较好的砾石层。显然，这些特点只有经过水的沉积作用才能产生。③沉积年代较久而稳定，在它上面已发育成地带性土壤，具有深厚的腐殖质层，有的还有明显钙积层等。此种沙土母质上主要发育着沙质栗钙土。

五、冲积母质

冲积母质是现代河流泛滥的沉积物，主要分布于老哈河、西拉沐沦河、乌力吉沐沦河、教来河等及其支流两岸的河漫滩与阶地上，分布的范围与形状和河谷平原地貌是一致的。下游较开阔，上游狭窄且分支多。沉积的厚度上游薄、仅有几米厚，而下游厚度可以达十几米。冲积物垂直断面出现有水平层理、粗细相间的质地层次。在1m以内的断面中，质地以沙壤、轻壤最为普遍，其次是中壤和沙土。仅局部可见砾质层。河流沉积物颗粒的粗细呈有规律的变化，沿河流纵向看，上游沉积物的质地粗，常出现沙质层或砾质层，而下游冲积物以轻壤土、中壤土最为普遍，个别低洼处会出现重壤土或黏土。而垂直河道横向看，近河床处沉积物质地粗，如河漫滩上沙质和砾质较多，而远离河道的阶地、台地质地较细，以轻壤土为主。当然，在特定的地质条件下，冲积物的这种有规律的沉积会受到限制，如西拉沐沦河主要流经科尔沁沙地，它两岸的沉积物均为沙土，很少有黏质或砾质沉积物。翁牛特旗境内的少郎河主要流经黄土丘陵区，两岸的沉积物为黄土状物等。

六、洪积母质

洪积母质是山洪泛滥形成的局部沉积物。赤峰市洪积物面积不大、分布零散，仅在老哈河、乌力吉沐沦河、教来河、西拉沐沦河的中上游的山地或丘陵与河谷平原交界一带沟口处形成洪积扇。此外，河流的上游两岸也容易出现洪积物。洪积物的堆积面积大小差异很大：有的洪积扇只有几亩*甚至不足1亩，有的则可延展到几百亩的范围，有的多个洪积扇相邻组成较大面积的洪积群。洪积物堆积分选性差，水平层理不明显，大石块和小颗粒混杂，磨圆度较差。但是一般情况下沟口和水道处大石块较多，而在扇缘部分沉积物颗粒则变细，多为沙质或沙壤质。一般小洪积扇石块较多，且稳定性差，较大的洪积扇石块很少，它的沉积物多是沙壤质或沙砾质，同时也比较稳定，其上土壤的发育相对充分些。

---

* 亩为非法定计量单位，1亩＝$1/15hm^2$。

七、湖积母质

湖积物由现代湖泊静水沉积作用形成，分布于西部高原克什克腾旗的达里诺尔以及科尔沁沙地边缘的一些泡子附近，多以近似弧形的形状占据湖盆的边缘地带。其中达里诺尔湖周围的湖积物面积最大。后来由于浑善达克沙地侵入，在湖积物基面上覆盖现代风成的大面积沙丘，但在丘间的甸子地上仍有零星的湖积物露头，而在达里诺尔北岸由于湖盆坡降较大，湖积物呈狭长的月牙状，面积较小，其外缘大体在达里诺尔至阿木其拉苏木一线，即玄武岩台地以南至湖滨。但是应当指出的是，由于贡格尔河、白河等内陆河在此注入达里诺尔，这里又有冲积物的大量沉积。尤其是在河口一带，常常在1m的土体内发现有卵石层。无论是达里诺尔还是东部沙地的泡子，由于所处环境均为沙质地层，它们形成的湖积物质地较粗，多为沙壤土或沙土，缺乏黏粒的沉积。不具备典型静水湖相沉积物质地黏重的特点。沉积层深厚，一般在几米到几十米，土体中常见棕黄色的铁锈纹理，湖滨还有黑色低价铁、锰的浸染层，在局部地区还有大量碳酸钙迁移聚集层，如在达尔汗苏木附近的浑善达克沙地中的甸子地上可见到这种现象。

此外，在老哈河下游沿岸，有面积很小但比较典型的湖相沉积，多是干涸的牛轭湖残留湖底，如敖汉北部康营子乡东塔拉，土体质地黏重，为重壤土或黏土，土体内有锈纹锈斑和水生动物残骸等。

第六节　赤峰市土壤类型

一、土壤类型划分依据

1. 土纲

依据若干土类共有的成土过程的特征进行归纳分类，如赤峰市境内的棕壤、暗棕壤、灰色森林土淋溶作用强烈，它们均属淋溶土纲。

2. 土类

土类是在一定的生物气候、水文地质条件和人为因素作用下而形成的具有独特成土过程和土壤性状的土壤类型。土类之间有质上的明显差异。具体划分依据：①成土条件及主导成土过程相似；②土壤的基本发生层次及理化性质大体相同；③土壤利用方向及改良途径大体相同。

3. 亚类

亚类是两个土类间的过渡类型或依据同一土类的不同发育阶段划分的类型。划分依据：①在本土类的主导成土过程外，还有附加成土过程或次要成土过程，使土壤属性发生很大变化；②土壤剖面形态、理化性质基本相同；③土壤利用、改良方向基本相同。

4. 土属

土属是承上启下的分类单元，既是亚类的续分又是土种的归纳。主要依据成土母质类型、性质和水文地质等区域性因素划分：①根据残积坡积物母质的性质，分为结晶岩、泥页岩、沙砾岩、石灰岩；②根据母质类型，分为黄土及黄土状物、红土、风积沙、冲积物、洪积物、湖积物等；③根据河湖相沉积物表层质地级别，一般分为砾质、沙质（沙土、沙壤）、壤质（轻壤、中壤）、黏质（重壤以上）；④根据土体的特殊形态，如心土层出现垆土层，表土为黄土，心土以下为红土，钙积量大的石灰盘结层以及受人为影响的土体等；⑤盐土，根据表层（0～20cm）盐分划分的化学类型。

5. 土种

土种是基层分类的基本单元。同一土种具有相同的发育程度。土种特性具有相对的稳定性，非一般耕作措施在短期内所能改变。划分土种的依据：①土体厚度，残积坡积物母质上母岩半风化物以上全部土层，一般指 A、B 层为土体，AC 和 AD 构型的土壤指 A 层，以薄（＜30cm）、中（30～60cm）、厚（＞60cm）划分土种；②冲积物、洪积物、湖积物上，以表土层、心土层、底土层三层段的质地差异按夹、体、底型组合划分土种；③腐殖质层厚度以薄层（＜30cm）、中层（30～60cm）、厚层（＞60cm）划分土种；④石灰盘结层距地表深度，以深位（＞40cm）、浅位（＜20cm）、中位（20～40cm）划分土种；⑤盐化程度，以表层盐分含量分轻（含盐量为 0.2%～0.4%）、中（含盐量为 0.4%～0.6%）、重（含盐量为 0.6%～1.0%）划分土种；⑥侵蚀程度，无侵蚀，表层少部分被蚀、无明显冲沟者为轻度侵蚀，表层大部分被蚀、冲沟面积＜10%者为中度侵蚀，表层全部被蚀、冲沟面积 10%～30%者为重度侵蚀，土被部分侵蚀、冲沟面积 30%以上者为剧烈侵蚀；⑦沙化，按伏沙厚度分，小于 10cm 的为轻度沙化，10～20cm 的为中度沙化，20～30cm 的为重度沙化。

二、自然土壤分布规律

各类土壤都有与其相适应的空间位置，土壤的地理分布具有与生物气候条件相适应的特点，表现为土壤的水平带分布和垂直带分布规律性，同时也受母岩、地貌、水文地质、人为活动等条件的影响，又有区域性分布的特点。根据国家土壤统一分类系统，赤峰市自然土壤类型分为 9 个土纲、17 个土类、40 个亚类、183 个土属、420 个土种。土类面积最大的是栗钙土，其次是风沙土，再次为栗褐土，灰色森林土居第四位，黑钙土居第五位，粗骨土居第六位，其他土类占比均很小。在分布上，褐土、栗褐土主要分布在西拉沐沦河以南，栗钙土分布在北部六旗县的低山丘陵，黑钙土、灰色森林土分布在中山山地，粗骨土多分布在山地及石质丘陵，风沙土集中分布在西部的浑善达克沙地和东部的科尔沁沙地。

1. 土壤水平带分布

赤峰市地跨暖温带的北缘及温带的南缘，生物气候具有过渡性特点。在赤峰市境内努鲁尔虎山北麓、七老图山地东麓、大兴安岭山地东南侧，海拔900m 以下的广大低山丘陵地区，由于起伏小、高差不大，生物气候条件垂直变化不明显，土壤分布主要表现为南北水平地带性差异。在此范围内温度和降水由南向北递减，植被由南向北依次出现森林灌丛草原、灌丛草原及干草原，并相应地分布有褐土、栗褐土、栗钙土等水平地带性土壤。

宁城县南部必斯营子至敖汉汤梁以南包括山头、五化、林家地、四家子、金厂沟梁、宝国吐等地，属暖温带森林灌丛草原生物气候条件，分布有褐土土类，是华北褐土带的北缘，其亚类以碳酸盐褐土最为常见。由此向北至翁牛特旗乌丹、解放营子、敖汉旗新惠、下洼一线，即赤峰市南部的广大黄土丘陵地区是暖温带森林草原向温带干草原过渡的生物气候区，分布的土壤为褐土向栗钙土的过渡类型——栗褐土。栗褐土南部为栗褐土亚类，北部为淡栗褐土亚类。栗褐土分布的形状为西宽东窄三角形。东部狭窄是因为褐土带东段随努鲁尔虎山向北偏移，而北部的栗钙土带沿科尔沁沙地南缘又向南偏移，这样造成敖汉境内的褐土向栗钙土剧烈过渡，从而使栗褐土的分布呈条带形。

从栗褐土的北缘至北部大兴安岭山地山前低山丘陵以及西部高原、台地的广大地区，已属温带干旱半干旱草原生物气候，在此种生物气候条件下广泛分布着栗钙土土类。栗钙土的两个亚类中，栗钙土亚类主要分布在南部科尔沁沙地的周围，暗栗钙土分布在北部低山丘陵区。西部高原以及台地上的暗栗钙土属于内蒙古高原上暗栗钙土带延伸到赤峰境内的部分。赤峰市栗钙土的分布沿科尔沁沙地南缘向南偏移伸入敖汉旗北半部的现象是气候和母质条件的变化引起的。敖汉旗北部的地形条件属起伏平缓的漫岗，成土母质为中壤或重壤的红土，由于质地较黏重，碳酸钙淋溶受阻，往往在 20～30cm 处出现密集的粉末状碳酸钙淀积，碳酸钙含量可达 20％～30％。同时，这是赤峰市最干旱的地区之一，降水量往往不足 350mm，蒸发量却在 2 600mm 以上，从而加剧了碳酸钙的淀积。这一地带温度较高、有机质积累较弱，但是钙积化作用却相当明显，栗钙土的出现是必然的。

2. 土壤的垂直分布

赤峰市北、西、南三面为中、低山地，相对高差较大，以地带性土壤出现的高度为基准，许多地段的相对高度在 500～1 000m，西部山地在 1 200m 以上。垂直高度的变化引起生物气候条件的差异，产生了赤峰市土壤的垂直分布系列。

（1）南部山地栗褐土—褐土—棕壤垂直分布系列

栗褐土是水平地带性土壤，一般分布在海拔 750m 以下的黄土丘陵。随着海拔的增高，在 750～900m 的垂直带中会出现不连续呈岛状分布的褐土，垂直带上的褐土往往又有典型褐土和淋溶褐土两个亚类，淋溶褐土在典型褐土之上、棕壤之下，900m 以上的山地为棕壤。

（2）西部、北部山地栗钙土—黑钙土—灰色森林土—山地黑土垂直分布系列

具有此种模式的垂直分布主要在巴林右旗、林西县、克什克腾旗境内的大兴安岭山地南端及七老图山地的北端。一般从海拔 700～900m 的暗栗钙土开始，900～1 400m 处出现不连续呈岛状分布的黑钙土。黑钙土上下界线不很分明，下限有时以碳酸盐黑钙土亚类渗入暗栗钙土带，上限多以黑钙土亚类（淋溶型的）与灰色森林土呈复区分布。一般从海拔 1 300m 处起即可见灰色森林土分布，但多为灰色森林土亚类，仅在局部阴坡有小面积的暗灰色森林土亚类出现。坡脚平缓地段为黑钙土。海拔在 1 500 以上时，森林植被茂密，有机质积累较多，绝大多数为暗灰色森林土亚类，灰色森林土亚类仅偶见于阳坡，黑钙土已经绝迹。在 1 600m 以上平坦开阔的山顶或台地，森林环境骤变为草甸草原，出现了黑土，巴林右旗罕山顶部，林西县的北大

山顶、克什克腾旗南部赛罕坝等，海拔为 1 600～1 900m，分布有山地黑土。

（3）北部山地栗钙土—黑钙土—暗棕壤分布系列

该系列主要在阿鲁科尔沁旗、巴林左旗北部的大兴安岭山地。一般在 700～900m 处广泛分布着暗栗钙土，900～1 100m 处以黑钙土为主，但上限不严格。1 100～1 300m 处森林植被以蒙古栎为主，是暗棕壤的分布带。

（4）西部熔岩台地栗钙土—黑钙土—黑土草原土壤垂直分布系列

从赤峰市第一高峰大光顶子山脚下，向北和向东伸展出若干条被深谷分割为条带状的玄武岩台地（漫甸），集中在克什克腾旗的西南部和翁牛特旗西部。随着台地的伸延，台面的海拔高度逐渐降低，其中最长的漫甸百余千米，海拔自 1 800m 降到 1 000m。随着台面高差的变化出现了赤峰市独特的草原土壤垂直分布系列：1 000～1 300m 处的台地植被以干草原为主，分布着栗钙土中的暗栗钙土亚类；1 300～1 600m 处植被为草甸草原，土壤为黑钙土，其中靠近暗栗钙土的区段常常有碳酸盐黑钙土出现，而靠近黑土的区段，黑钙土又以淋溶型为最多；1 600m 以上植被为草原草甸，出现了黑土。

3. 土壤的区域性分布

土壤的分布除了受地带性因素支配外，还受局部地域性因素如成土母质、水文地质条件、地形特点等影响。这种受非地带性因素支配所形成的土壤如水成沼泽土、半水成沼泽土、草甸类型土壤、岩成土壤风沙土和岩成土壤粗骨土等为区域性土壤。它们的组合及分布规律均有自己的特点。赤峰市区域性土壤的分布可归纳为以下几类。

（1）河谷土壤的阶梯状分布

在赤峰市主要水系如老哈河、教来河、乌尔吉沐沦河等的两岸由于沉积作用和河床下切，出现了阶梯状河谷地貌，即河床向两岸阶梯式抬高，依次出现河漫滩、一级阶地、二级阶地，最后过渡到丘陵或山地坡面。这种阶梯式地貌导致地下水呈阶梯式降低，水成、半水成的土壤以及地带性土壤就会按阶梯进行排列分布。河漫滩地下水埋深一般在 2m 以内，在局部低洼处甚至溢出地表或埋深小于 0.5m 时就会出现沼泽土，随着微地形的变化，在河漫滩较高地段或低阶地又会出现草甸类型土壤，在高阶地上还会出现草甸化了的地带性土壤。一般河谷阶梯状土壤分布完整系列，以亚类排列为腐泥沼泽土或沼泽土—草甸沼泽土—盐化草甸土或盐化潮土—草甸土或潮土—草甸型地带性土壤—地带性土壤。但实际上河流两岸阶地状微地貌往往变化剧烈，系列中各土壤类型的出现不是渐进的，而是跳跃的，但无论怎样跳跃，多数都有2～3种土壤类型呈阶梯式排列。

南部褐土区常见的河谷土壤阶梯状分布系列为腐泥沼泽土—盐化潮土—潮土—潮褐土—石灰性褐土、盐化潮土—潮褐土—石灰性褐土或潮土—潮褐土—石灰性褐土等。

中部栗褐土区河谷土壤分布系列主要有：腐泥沼泽土—盐化潮土—潮土—潮栗褐土—栗褐土、盐化潮土—潮土—潮栗褐土—栗褐土、盐化潮土—潮栗褐土—栗褐土。

北部栗钙土区河流两岸土壤阶梯分布系列一般多出现盐化灰色草甸土—石灰性灰色草甸土—草甸栗钙土—栗钙土、石灰性草甸土—草甸栗钙土—栗钙土、草甸土—草甸栗钙土—暗栗钙土等。

（2）湖盆阶地土壤类型的同心弧分布

土壤的这种分布形式主要见于湖盆周围、水库边缘微地形逐渐变高的地段。土壤组合从里向外依次出现水成土壤、半水成土壤，最后过渡为地带性土壤或与地下水无关的其他土壤类型。具有代表性的土壤类同心弧分布系列在达里诺尔东岸至达里诺尔苏木一线可以见到。这里由湖岸边向外逐渐更替的土壤类型有盐土、盐化草甸土、草甸土、草甸栗钙土、暗栗钙土。此外，在东部沙地间泡子周围还有沼泽土—潮土—风沙土系列。

（3）沙地土壤的相间分布

这种土壤的相间分布主要出现在风沙土地区。东部沙地以风沙土和潮土或灰色草甸土构成相间分布的格局，而西部沙地则为风沙土和栗钙土相间组合。这种分布特点主要与坨甸相间的特殊地貌形态有关。东部沙地基垫面为西辽河上游冲积平原，地下水位较高，埋深多在3m以内，广泛发育着半水成类型土壤。沙丘侵入后，形成间隔堆积，堆积沙丘的地方为风沙土，未被沙丘占据的地方即甸子，这里多发育着潮土或灰色草甸土，西部沙地的基垫面为高平原，沙丘间平地多为原来的高平原面，地下水位较深，发育的土壤以地带性的栗钙土为主，所以形成了风沙土与栗钙土的相间分布。显然沙地中土壤相间分布是由坨甸相间的特殊微地貌形态造成的，在这种土壤相间分布的布局中，各地风沙土所占的比例是不一样的。东部沙地，老哈河下游两岸的沙丘密集，风沙土面积较大，而潮土面积较小，而西拉沐沦河南岸，沙丘较少，有开阔的甸子，如白音塔拉、花都什、大兴一带则潮土占比大、风沙土面积小。当然，少部分甸子不仅只有草甸类型土壤，局部低洼处还会有沼泽土出现。西部沙地中除浩来呼热附近及沙地的东北部甸子较多、栗钙土面积相对较大外，其他地区的土壤组合中均以风沙土为主。

（4）土壤的枝状分布

土壤的枝状分布是在水系及河谷地貌的控制下，与水系外延形状相似。所以水系的枝状决定了其沿岸土壤分布的枝状。土壤的枝状分布与土壤阶梯状分布一起构成了河谷土壤分布特点的两个方面。阶梯状分布是河谷土壤分布的横向断面，而枝状分布则为河谷土壤的纵向平面。土壤的枝状分布集中在山地、丘陵区的河流谷地，涉及土壤类型较多，它可将不同土类的土壤串联起来。土壤组合一般以草甸化的地带性土壤为主，并包括绝大部分水成、半水成土壤以及部分地带性土壤。枝状分布的土壤（亚类）组合按流域分为：

老哈河流域：该流域枝状分布的土壤组合主要有潮栗褐土、潮褐土、潮棕壤，其次是潮土、盐化潮土以及发育在冲积母质或山前缓坡处的栗褐土、淡栗褐土、棕壤和石灰性褐土等。

教来河流域：这里枝状分布的土壤组合以潮棕壤、潮栗褐土、草甸栗钙土为主，并包括潮土、盐化潮土以及少部分棕壤和石灰性褐土等。

西拉沐沦河、乌力吉沐沦河中上游流域：这一广阔区域构成枝状分布的土壤主要包括草甸栗钙土、草甸黑钙土、草甸土、盐化草甸土、石灰性灰色草甸土、盐化灰色草甸土，此外还有零星的沼泽土、草甸沼泽土以及近河谷两侧的栗钙土、暗栗钙土、黑钙土、淋溶黑钙土等。

三、耕地土壤属性

1. 栗钙土

栗钙土是赤峰市主要分布的草原土壤类型，广泛分布于北部大兴安岭山地东麓山前低山丘陵、河谷平原及西部高原和海拔 1 200m 以下的熔岩台地上，包括阿鲁科尔沁旗、巴林左旗、巴林右旗、林西县、克什克腾旗西部和东南部以及敖汉、翁牛特旗的北部等地。栗钙土是赤峰市水平带中最北的土类，南连栗褐土，北部和西北部及西部高原的东侧与垂直带上的黑钙土相接，是赤峰市面积最大的土类。

栗钙土带地貌类型复杂，包括低山山地、丘陵（石质丘陵和黄土丘陵）、河谷平原、高平原、熔岩台地等。成土母质多种多样，有花岗岩、片麻岩、安山岩、玄武岩等结晶岩风化后的残积坡积物，也有沙岩、沙砾岩、石灰岩、大理岩、泥页岩等沉积岩以及凝灰岩残积坡积物，同时还广泛发育在黄土和黄土状物和冲积、洪积、湖积母质上。这些复杂多样的母质类型给赤峰市栗钙土的形态特征、理化性质以及生产性能带来了深刻影响。耕地栗钙土通体黏型和薄层型的质地构型面积大。根据栗钙土的成土特性，划分出暗栗钙土、草甸栗钙土、栗钙土 3 个亚类。

（1）暗栗钙土

暗栗钙土位于栗钙土带最北部，即阿鲁科尔沁旗、巴林左旗、巴林右旗中部及林西县境内低山丘陵、克什克腾旗西部高原及海拔 1 200m 以下熔岩台地等。

暗栗钙土南部或东部接栗钙土亚类，北部、西部及西部高原东缘连接垂直带上的黑钙土，实际上是栗钙土向黑钙土的过渡类型。

（2）草甸栗钙土亚类

赤峰市的草甸栗钙土主要分布于北部广大低山丘陵区河流两岸以及西部高原达里诺尔湖盆地边缘地带。

（3）栗钙土亚类

栗钙土亚类位于赤峰市北部丘陵，包括黄土丘陵以及西辽河上游平原，南部靠栗褐土，北部、西部接暗栗钙土。但东部平原绝大部分由于草甸类型土壤的发育以及科尔沁沙地的形成，被风沙土和潮土这两种区域性土壤占据。所以栗钙土亚类仅分布于周围地势较高的漫岗丘陵地带，包括阿鲁科尔沁旗、巴林左旗、巴林右旗的南部和敖汉旗、翁牛特旗的北部。

2. 栗褐土

栗褐土北部接大兴安岭东麓的栗钙土，南部接从华北伸入赤峰市南端的褐土。西部和南部与努鲁尔虎山、七老图山的棕壤及褐土构成垂直带谱，是占耕地面积比例第二大的土壤类型。

从矿物分析中看出，三氧化物在剖面上下变化不大，三氧化二铁为 3.0%～3.5%，三氧化二铝为 10.2%～10.9%。栗褐土表层有机质含量一般在 10～18g/kg，全氮为 0.6～1.0mg/kg，有机质积累较弱，高于褐土而低于栗钙土，全磷 0.6～0.9g/kg，全钾 24～28g/kg，有效磷 3～5mg/kg，速效钾 110～130mg/kg，全剖面具有石灰反应。根据栗褐土的成土特性，划分出潮栗褐土、淡栗褐土、栗褐土 3 个亚类。

（1）潮栗褐土亚类

潮栗褐土亚类分布在地形低洼处或河流周边，分布于宁城县、喀喇沁旗、赤峰松山区东部、翁牛特南部、敖汉旗中部河流两岸的阶地上。地下水位 3～5m，母质为冲积物。

（2）淡栗褐土亚类

淡栗褐土亚类占据栗褐土带的北半部，与北部栗钙土相接。西部与褐土、棕壤组成垂直带谱。分布范围包括赤峰松山区东半部、翁牛特旗的乌丹以南、敖汉旗四德堂、喀喇沁旗龙山牛家营等地广大黄土丘陵区。

（3）栗褐土亚类

栗褐土亚类在水平分布地带上位于栗褐土带的南部，南部连褐土带，北部接淡栗褐土亚类，西部与垂直带上褐土、棕壤构成山地土壤垂直带谱。集中于敖汉旗中部、宁城县、喀喇沁旗东南部广大黄土丘陵区。母质以黄土及黄土状物为主，少部分发育在结晶岩、沙砾岩等残积坡积物上。

3. 风沙土

风沙土是发育在风积沙母质上的岩成土壤，分布于赤峰市西部高原区和东部的西辽河上游平原。西部高原上的风沙土属浑善达克沙地的一部分，东部平原上的风沙土则是科尔沁沙地的一部分。西部风沙土全部在克什克腾旗境内，东部的风沙土则占据翁牛特旗东部、敖汉旗北部、阿鲁科尔沁旗东部和南部、巴林右旗南部，此外，在巴林左旗、林西县南部和赤峰松山区的东部也有零星分布。风沙土仅次于栗钙土和栗褐土，为赤峰市耕地的第三大土类。

赤峰市的风积沙多数覆盖于平坦的高平原或平原的河湖相沉积物上。风沙土形成的条件：一是沙源，二是要有风动力作用，即风的搬运和沉积。沙源来自内蒙古高原第三纪沙岩风化残积物及附近的第四纪河湖相沙质沉积物。赤峰市处于中纬度地带，受西风带控制，盛行偏西风，易出现偏北大风，年平均 8 级以上大风日数 12～25d，其中西部高原年平均 8 级以上大风日数 20d 左右，东部平原区则可达到 60d 以上。一年中大风日数以冬春为最多，占全年大风日数的 70%～80%，并易产生沙暴。强大的风动力是沙粒吹扬、搬运堆积的充足能源。沙源和风能源的结合构成了风沙土的形成条件。风积沙母质的特点：①具有良好的分选性，沙粒间不黏结、无结构；②

不稳定，经常处于随风迁移状态，具有流动性。风沙土就是在这种母质上发育的土壤。风积沙母质的这些特点决定了风沙土的不稳定状态，即使风沙土被植被固定得比较好，一旦植被破坏也会活化。同时，沙土本身的理化性质不利于成土过程的进行，相对延缓了土壤发育进程，易使风沙土处于年幼状态。此外，风沙土发育还具有明显的阶段性，即弱生草化阶段、明显生草化阶段、发育进入地带性土壤阶段。

赤峰市风沙土中，西部高原浑善达克沙地的风沙土和东部西辽河上游平原的风沙土，除生草化程度有较大差别外，水文地质条件也有很大差异，东部风沙土大部分在老哈河、西拉沐沦河两岸，地下水位多在 3～5m，较高大沙丘也超不过 10m，水分条件较好，而西部沙地属内陆风沙土，水分条件差。风沙土地区水分条件的好坏决定了它的改造利用的难易，一般地下水埋深浅的地区较容易改造利用。

风沙土按固定程度分为固定风沙土、半固定风沙土和流动风沙土 3 个亚类。

（1）固定风沙土亚类

该亚类主要分布于西部高原浑善达克沙地，东部科尔沁沙地固定风沙土少。

（2）半固定风沙土亚类

该亚类主要分布于东部沙地，西部沙地分布面积较小。

（3）流动风沙土亚类

以东部沙地为最多，在敖汉的北部、翁牛特旗东部老哈河下游一带以及巴林右旗东部成片出现。

4. 褐土

在水平分布带上褐土属于赤峰市最南部的土壤，分布于宁城县必斯营子至敖汉汤梁以南的低山丘陵，并向东延伸到敖汉旗宝国吐一带。此外，在宁城县、喀喇沁旗、赤峰松山区西部垂直带也有零星分布。实际上，赤峰市境内的褐土属华北褐土带的北缘。

褐土是暖温带半湿润地区森林灌丛草原条件下形成的地带性土壤。褐土区年平均气温 6～8℃，≥10℃的积温 3 000～3 200℃，年降水量 400～450mm，年湿润度 0.6 左右。褐土地区是赤峰市的主要农业区之一，开垦历史久，原生植被已不多见，残存的天然植被散生乔木有油松、杨树、榆树、槐树，灌木及小半灌木有酸枣、黄荆、达乌里胡枝子，草本植物以本氏针茅、多叶隐子草、白羊草等为多见。成土母质以黄土为主，在低山丘陵坡面上有花岗岩、片麻岩、凝灰岩、安山岩等残积坡积物，河谷地区成土母质以冲积物为主，并有零星小面积洪积物出现。

褐土的剖面构造为腐殖质层、黏化层、钙积层等基本发生层（除淋溶型外）。腐殖质层一般为 20～30cm，棕褐色，轻壤或中壤质地，粒状或块状结构。有机质含量一般在 1.0%～1.5%，全氮 0.06%～0.08%，全磷 0.07%～0.09%，全钾 2.3%～2.7%，有效磷 2～4mg/kg，速效钾 100～120mg/kg。腐殖质层下为紧实棕褐色黏化层，此层是褐土区别于其他土壤的主要形态特征。

根据褐土成土过程上的差异可将其划分为褐土、淋溶褐土、潮褐土、石灰性褐土 4 个亚类。

（1）潮褐土亚类

赤峰市潮褐土主要分布宁城县、敖汉旗南部褐土地区河两岸。

（2）褐土亚类

赤峰市褐土亚类主要分布于宁城县、敖汉旗南部的低山丘陵。

（3）淋溶褐土

赤峰市淋溶褐土亚类主要分布于宁城县、敖汉旗南部低山丘陵。残留的自然植被有达乌苏里胡枝子、酸枣以及本氏针茅等。成土母质多为黄土及黄土状物，其次是酸性、中性岩及沙砾岩残积坡积物。

（4）石灰性褐土

石灰性褐土亚类主要分布宁城县、敖汉旗南部的黄土丘陵，在石质丘陵区仅有小面积零星分布。该亚类是开垦利用较早的土壤之一，天然植被已遭破坏，水土流失严重，成土母质以黄土及黄土状物为主。成土过程中的淋溶和黏化作用比淋溶褐土、褐土亚类弱，而钙积化作用相对增强，是更接近草原土壤的一个亚类。

5. 棕壤

棕壤即棕色森林土，分布于赤峰市南部山区，在敖汉旗南部的努鲁尔虎山海拔 700m 以上的山坡或沟谷中，而在宁城县、喀喇沁旗、赤峰松山区西部的七老图山则分布于 800m 以上的垂直带上。棕壤下接褐土，局部接栗褐土，常形成碳酸盐褐土—褐土—棕壤或栗褐土—褐土—棕壤的垂直带谱。

在赤峰市还广泛分布着棕壤的两种变型：一种是森林植被遭到破坏后草

本植物侵入，森林环境变为生草环境，剖面表层缺乏枯枝落物层，代之为紧密的草皮层，但厚实的棕色淀积层仍然存在，只是腐殖层由于生草化影响，色调稍暗，pH 比典型棕壤高、多在 6.5～7.5 的变型，敖汉旗境内及宁城县南部的棕壤多属这种变型；另一种为棕壤的另一个亚类——潮棕壤。

（1）棕壤亚类

该亚类主要分布在棕壤地区的山地坡面，是面积最大的棕壤亚类。

（2）潮棕壤

潮棕壤发育在南部山地沟谷底部，地下水位较浅，在 3～5m，土壤发育有地下水影响痕迹，即进行着弱草甸化过程。母质为近代洪积物或冲积物，这些物质来源于附近山体坡面，是土体被侵蚀搬运堆积的结果，发育在这里的土壤成土过程经常受地质过程的干扰，剖面质地层次明显。常见的质地为沙壤、轻壤及砾质。发生层不稳定。一般上层为腐殖质层，厚薄悬殊，坡脚处往往有腐殖质堆积现象。淀积层不明显，底土有时可见锈纹锈斑。

6. 灰色草甸土

灰色草甸土主要分布于赤峰市栗钙土地区河谷阶地或河漫滩等局部低洼处，行政区域包括阿鲁科尔沁旗、巴林左旗、巴林右旗南部。灰色草甸土的形成取决于地下水位的高低，同时还受水热气候因素的影响。一般有灰色草甸土分布的地区，地下水位埋深 1～3m，在这种水文地质条件下，土体内进行草甸化过程，包括腐殖质积累、潴育化和潜育化过程，从而形成了灰色草甸土。这些地区地下水矿化度 0.4～0.8g/L 的居多，属弱矿化水，化学组成为重碳酸-氯化物钠、钙型或重碳酸-硫酸盐钠、钙型。在一定条件下，这种矿化类型的地下水参与了土壤的积盐过程。灰色草甸土发育的地形为河谷阶地或河漫滩，成土母质多为冲积物，分布的区域主要是西拉沐沦河以北温带半干旱典型栗钙土区。

灰色草甸土分为石灰性灰色草甸土和盐化灰色草甸土 2 个亚类。盐化灰色草甸土亚类主要分布于阿鲁科尔沁旗、巴林左旗、巴林右旗中南部沿河两岸局部低洼处。

7. 黑钙土

黑钙土分布于大兴安岭山地及七老图山地的北端海拔 1 000m 以上的垂直带上，下接暗栗钙土，又多与灰色森林土呈复区分布。包括阿鲁科尔沁旗、巴林左旗、巴林右旗北部、林西县北部及西部、克什克腾旗东半部以及翁牛特旗西部等。

根据碳酸盐淋溶淀积的差异以及附加成土过程的影响，将赤峰市黑钙土分为黑钙土、石灰性黑钙土、潮黑钙土3个亚类。

（1）黑钙土亚类

黑钙土亚类分布于大兴安岭北部山地和七老图山地北端海拔1 000m以上的垂直带上，包括阿鲁科尔沁旗、巴林左旗、巴林右旗、林西县北部及克什克腾旗的东半部。该亚类在垂直系列中与灰色森林土呈交错复区分布，下接暗栗钙土或石灰性黑钙土。

（2）石灰性黑钙土亚类

石灰性黑钙土亚类主要发育于大兴安岭北部山地海拔900～1 100m的垂直带上，在熔岩台地上出现于1 100～1 300m处。石灰性黑钙土的海拔一般低于黑钙土的其他亚类。主要分布区域在克什克腾旗东部、阿鲁科尔沁旗北部。

（3）潮黑钙土亚类

潮黑钙土亚类是黑钙土在局部水地条件作用下，掺入了弱草甸化成土过程而产生的黑钙土向草甸土过渡的类型。潮黑钙土亚类分布于阿鲁科尔沁旗、巴林左旗、巴林右旗、林西县的北部和克什克腾旗东半部黑钙土区域内沿河两岸阶地。

8. 灰色森林土

灰色森林土是在森林草原带中森林植被下发育的土壤，占据赤峰市北部大兴安岭山地及七老图山地的北端，即阿鲁科尔沁旗、巴林左旗、巴林右旗北部，林西县北部、西部，克什克腾旗东半部海拔1 200m山体以上的垂直带上，上与山地黑土相接，下与黑钙土或淋溶型黑钙土呈复区分布，成土母质为花岗岩、玄武岩、流纹岩、凝灰岩、安山岩、沙砾岩等残积坡积物，少部分发育在黄土及黄土状物或风积沙土上。赤峰市灰色森林土处于温带湿润、半湿润地区，年平均温度-2～2℃，≥10℃年活动积温1 600～2 000℃，年降水量400～500mm，年湿润度大于0.8。自然植被为夏绿阔叶林或针阔混交林，以山杨、白桦次生林为主，海拔较高的山体上往往有落叶松、樟子松等针叶树种参与组成针阔混交林。

灰色森林土按其腐殖质、二氧化硅积累强度可分为灰色森林土和暗灰色森林土2个亚类。

（1）灰色森林土亚类

该亚类分布于北部大兴安岭山地和西部七老图山北端以及熔岩台地边坡，多数在海拔 1 000～1 500m 范围内。同时它又可伸入 1 500m 以上的部分阳坡，因此灰色森林土亚类以交错状态向上过渡到暗灰色森林土、下接黑钙土，局部地段为暗栗钙土。分布范围包括阿鲁科尔沁旗、巴林左旗、巴林右旗北部，林西县北部及西部，克什克腾旗东半部。

（2）暗灰色森林土亚类

暗灰色森林土在北部山地海拔 1 500m 以上山地出现得最多，以阴坡为主，有的向下伸到 1 300m 以上的阴坡，常常与灰色森林土呈复区分布。暗灰色森林土植被较灰色森林土好，盖度可达 90％以上，森林植被可见成片的针阔混交林。集中于克什克腾旗境内，但在阿鲁科尔沁、巴林左旗、巴林右旗、林西县北部也有零星分布。

9. 草甸土

草甸土即暗色草甸土，分布于赤峰市北部、西部中低山山间谷地（即乌力吉沐沦河、西拉沐沦河上游沿岸的低洼地段），此外，西部高原贡格尔河沿岸、达里湖滨也有零星分布。行政区域包括阿鲁科尔沁、巴林左旗、巴林右旗中北部，林西县及克什克腾旗境内以及翁牛特旗西部。

赤峰市草甸土分为草甸土、石灰性草甸土、盐化草甸土 3 个亚类。

（1）草甸土亚类

草甸土亚类主要分布于黑钙土、灰色森林土、棕壤的区域。

（2）石灰性草甸土亚类

石灰性草甸土亚类发育的水文地质条件为地下水深 0.8～2.5m，处于黑钙土、暗栗钙土地带，湿润度低于温度高于草甸土亚类地区。

（3）盐化草甸土亚类

盐化草甸土分布于草甸土区域内局部低洼处，多出现于暗栗钙土地区，常与石灰性草甸土呈复区分布。

10. 其他土壤类型

粗骨土、沼泽土、暗棕壤、黑土、灌淤土耕地的面积很小，都不到耕地总面积的 1％。

2

第二章
赤峰市耕地评价体系建设与评价

耕地地力评价的目的在于查清耕地生产能力的现状及其潜在的生产力，评估耕地生产潜力和基础地力，为耕地的质量管理提供科学依据。耕地是农业生产最基本的资源，耕地地力的好坏直接影响农业生产的发展。随着我国社会经济快速发展，耕地面积与质量变化对粮食安全构成了严峻挑战，日益受到社会各界的关注，我国人均耕地面积少、人地矛盾十分突出，为了加强对耕地的有效管理，实现人口、资源、环境的可持续发展，必须对耕地资源进行充分的利用，摸清土壤养分状况、服务于农业生产，为行业主管部门提供决策参考，为农民提供配方施肥等技术指导，提高土地利用率，增加农民收入，而查清耕地资源基本情况则是充分利用耕地资源的前提条件。因此，开展耕地地力调查势在必行。

第一节　资料收集与布点原则方法

开展野外调查采样和土壤测试分析工作的目的是了解和掌握耕地土壤的立地条件、土壤属性、养分性状、农田基础设施条件及农户施肥情况，为实施测土配方施肥和耕地地力评价提供基础数据资料。

一、资料收集

1. 资料收集的原则

在数据库的建立过程中，对数据源的采用应遵循以下原则。

（1）针对性

根据建立信息系统的目标，有目的地采集所需的各种数据。

（2）完整性

数据是数据库的生命所在。但由于种种原因，人们往往不愿把数据输入数据库，数据不全是很多数据库不实用的原因。因此应打破各部门之间的门户界限，并从不同侧面、不同层次、不同角度采集围绕某一主题的有关数据，保证数据库的有效和供应渠道的畅通，以利于完整地反映该主题和进行综合分析。

（3）真实性

收集的数据以主管部门经过验证的可靠数据为准，并要求能充分反映当地实际情况。对已变更的数据，通过野外调查和实地考察，并结合现有的权威数据加以纠正。

耕地资源管理系统以大量数据为基础，所采用的资料分图件资料、数据资料、文本资料及多媒体资料，资料的收集整理工作流程如图 2-1 所示。

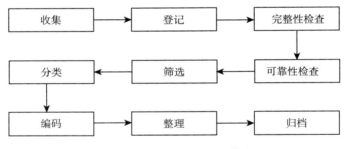

图 2-1　资料的收集整理工作流程

2. 资料的种类

赤峰市耕地资源管理信息系统建立涉及的图件、数据及文本资料有以下两类。

（1）图件资料

基础地理信息图件主要包括赤峰市遥感影像图、土地利用现状图。土壤属性信息图件主要包括第二次土壤普查成果，如土壤图、质地图等。

（2）数据及文本资料

采用《赤峰市土壤》《赤峰市国土资源》、土地利用现状变更表、采样点点位数据（2021 年）、各种养分元素（有机质、有效磷、速效钾和 pH 等，2021 年）的分析结果。

二、布点原则与方法

1. 布点原则

耕地地力调查采样点的确定要考虑土壤类型、作物分布以及第二次土壤普查时的农化采样点位置，要遵循耕地地力调查与环境质量调查采样点相衔接、适当加大污染企业周边采样点密度、采样点具有代表性等原则。农田灌溉水质调查的布点坚持以镇、村生产河道为主。

在耕地地力调查工作中，布点和采样原则应注意以下几方面：①布点要有广泛的代表性、兼顾均匀性，要考虑土种类型及面积、种植作物的种类；②耕地地力调查布点与污染（面源污染与点源污染）调查布点要兼顾，适当加大污染源点密度；③尽可能在第二次土壤普查的取样点上布点；④样品要具有典型性，采集的样品要具有所在评价单元最明显、最稳定、最典型的性质，要避免各种非调查因素的影响，要在具有代表性的一个农户的同一田块取样；⑤采样点要有标识（经纬度），应在电子图件上进行标识，为开发专家咨询系统提供数据。

2. 技术支持

样点布设和土样采集应由土壤专业技术人员操作，由参加过第二次土壤普查或较长时间从事土肥工作的技术人员进行布点和采集或在农业专家指导下进行。对农业生产方面的调查要由熟悉本地生产情况的农技站、蔬菜站及乡镇技术人员提供技术支持。污染调查由环保技术人员提供技术支持。

3. 布点方法

根据图斑大小、种植制度、种植作物种类、产量水平、梯田化水平等因素的不同确定布点数量和点位，并在图上标注采样编号。采样点要尽可能与第二次土壤普查的采样点一致。各评价单元的采土点数和点位确定后，根据土种、种植制度、产量水平等因素统计各因素采样点数。某一因素采样点过少或过多时，要进行调整。同时要考虑采样点的均匀性。一万亩耕地设置一个采样点。

4. 采样方法

大田土样一般在作物收获后取样。在野外采样田块的确定上，要根据点位图，到采样点所在的村庄，向农民了解该村的农业生产情况，确定具有代表性的田块，田块面积一般要求在一亩以上，依据田块的准确方位修正点位图上的采样点位置，并用 GPS 定位仪进行定位。在调查、取样上，要咨询已确定采样田块的户主，逐项填写调查的内容。在该田块中按旱田 0～20cm、水田 0～15cm 土层采样。采用 X 法、S 法、棋盘法中的任何一种方法，均匀随机采取 15～20 个采样点，充分混合后，用四分法留取 1kg 土。采样工具为木铲、竹铲、塑料铲、不锈钢土钻等；装袋土样填写两张标签，袋内外各一张。标签主要内容为样品野外编号（要与大田采样点基本情况调查表和农户调查表一致）、采样深度、采样地点、采样时间、采样人等。样品统一编号由采样点所在村的行政代码加样品序号组成。野外编号由年份、镇名、样品序号三项组成。在采样时测量耕层深度，填写采样点记载表和农户调查表，记录 GPS 定位仪上采样点的地理坐标和高程，用照相机拍摄采样点景观。

第二节　样品分析与质量控制

一、实验室选择

本着先进、高效、经济的原则，优先选择具有资质且近三年做过土壤化验的实验室进行土壤样品的检测工作。

二、分析项目

必测项目：pH、有机质、全氮、有效磷、碱解氮、速效钾、阳离子交换量。有效态中微量元素：铜、锌、铁、锰、硼、硅 6 项。选测有效硫、有效钼、交换性钙、交换性镁 4 个项目。

三、测定方法

pH：玻璃电极法。

有机质：重铬酸钾-硫酸溶液-沙浴法。

全氮：半微量开氏法。

有效磷：碳酸氢钠浸提-钼锑抗比色法。

碱解氮：碱解扩散法。

速效钾：乙酸铵浸提-火焰光度法。

阳离子交换量：乙酸浸提-蒸馏法。

有效态微量元素（铁、锰、铜、锌）：DPTA 浸提-原子吸收分光光度法。

有效硼：沸水提取-姜黄素-比色法。

有效硅：柠檬酸浸提-硅钼蓝比色法。

有效硫：磷酸盐-乙酸溶液/氯化钙浸提-电感耦合等离子体发射光谱法。

有效钼：草酸-草酸铵浸提-示波极谱法。

交换性钙、交换性镁：氯化铵-乙醇交换-原子吸收分光光度法。

四、分析测试质量控制

（一）样品风干及处理

将从野外采回的土壤样品及时放在干燥、通风、无污染的室内风干。将风干后的样品按照不同的分析要求研磨过筛，充分混匀后，装入样品袋中备用。制备好的样品妥善保存，避免日晒、高温、潮湿和酸碱等气体的污染。

1. 一般化学分析样品

将风干后的样品平铺在制样板上，用木棍或塑料棍碾压，并将动植物残体、石块、侵入体等剔除。用静电吸附清除细小植物须根。将压碎的样品全部通过 2mm 筛，未过筛的土粒重新碾压过筛，直至样品全部通过。将过筛后的样品用四分法取出一部分继续研磨，使之全部通过 0.15mm 筛，供全量养分的测定。

2. 微量元素分析样品

用于微量元素分析的样品，其处理方法与一般化学分析样品相同，但在采样、风干、研磨、过筛、运输、贮存等环节不能接触金属器具，避免污染。

（二）实验室内质量控制

1. 测试前采取的主要措施

①开始正式分析前，对检测项目、检测方法、操作要点、注意事项等进行确定，为减少误差奠定基础；②制定收样登记制度，将收样时间、制样时间、处理方法与时间、分析时间一一登记，并在收样时确定样品统一编码、野外编码及标签等，从而确保样品的真实性和整个过程的完整性；③减少系统误差，对实验室的温湿度、试剂、用水、器皿等逐一检验，保证其符合测试条件。

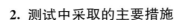

2. 测试中采取的主要措施

（1）空白试验

为了确保化验分析结果的可靠性和准确性，对每个项目、每批（次）样品进行 2 个平行的全程空白值测定，通过其 20 次测定结果，计算出批内标准差，如发现标准差超出允许范围，该批样品必须进行重检。

（2）标准曲线控制

无论是土壤样品的测定还是水质样品的测定，凡涉及校准曲线的项目，每批样品都做 6 个以上已知浓度点（含空白浓度）的校准曲线，且进行相关系数检验，R 值须都达到 0.999 以上。并且保证被测样品吸光度都在最佳测量范围内，如果超出最高浓度点，把被测样品的溶液稀释后重新测定，最终使分析结果得到保证。

（3）精密度控制

对所有分析项目均进行 10％～20％的平行样测定。平行检测结果与规定允许误差相比较，合格率均应达 100％。在分析中发现有超过误差范围的，在找出原因的基础上，及时对该批样品再增加 20％的平行测定，直到合格率达 100％。

（4）准确度控制

在每批待测样品中加入两个平行标准样品，如果测得的标准样品值在允许误差范围内，并且两个平行标准样的测定合格率达到 95％，则这批样品的测定值有效，如果标准样的测定值超出了误差允许范围，这批样品须重新测定，直到合格。在整个分析测试工作结束后再随机抽取部分样品进行结果抽查验收。通过上述几种质量控制办法确保分析质量。

（5）干扰的消除或减弱

干扰对检测质量影响极大，应注意干扰的存在并消除。主要方法：采用物理或化学方法分离被测物质或除去干扰物质；利用氧化还原反应，使试液中的干扰物质转化为不干扰的形态；加入络合剂消除干扰；利用有机溶剂的萃取及反萃取消除干扰；利用标准加入法消除干扰；采用其他分析方法避开干扰。

（6）复现性控制

通过室间外检控制，即分送同一样品到不同实验室，按同一方法进行检测。

3. 测试后采取的主要措施

（1）检测数据审核

样品检测完后，必须检查记录的数据是否准确，计算有无差错、结果有无复核等。原始记录上应有检验人、校核人、审核人签字。对发现的问题及时研究、解决。

（2）控制程序

使用计算机采集、记录、处理、运算、报告、存储检测数据时，制定相应的控制程序。

（3）检验报告的审核

检验报告是实验室工作的最终成果，化验工作结束后要求化验实验室出具化验报告，化验报告要求完整、准确、清晰。

第三节　耕地资源管理信息系统（CLRMIS）的建立

一、耕地资源管理信息系统总体设计

（一）总体目标

赤峰市耕地资源管理信息系统以赤峰市行政区域内耕地资源（旱地、水浇地）为管理对象，应用 GIS（地理信息系统）技术对辖区内的地形、地貌、土壤、土地利用、农田水利、农业生产基本情况、基本农田保护区等资料进行统一管理，构建耕地资源基础信息系统，并将此数据平台与各类管理模型结合，对辖区内的耕地资源进行系统的动态管理，为农业决策者、农业技术人员和农民提供耕地质量动态变化、耕地地力评价、耕地适宜性等多方位的信息服务。

（二）总体框架

赤峰市耕地资源管理信息系统以乡镇为行政管理单元，将 1：50 万土壤图、土地利用现状图、行政区划图等叠加形成的图斑作为评价单元。

1. 系统结构

系统由属性数据、空间数据关联形成耕地资源管理信息系统基础数据库，以此数据库为基础，建立具备图、表互查功能的系统，该系统分八大功能模块（图 2-2）。

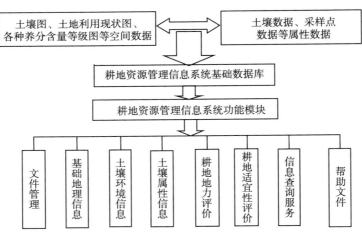

图 2-2 耕地资源管理信息系统结构

2. 计算机应用环境

（1）系统设计环境

硬件环境：计算机、工程扫描仪、绘图仪、激光打印机、移动硬盘等。

软件环境：Windows98/2000/XP、Excel、SPSS、ArcGIS9.3等。

（2）数据库平台

赤峰市耕地资源管理信息系统融合了多元数据结构，形成空间-属性数据库平台，具备强大的空间分析功能。耕地资源管理信息系统数据库平台组成如图 2-3 所示。

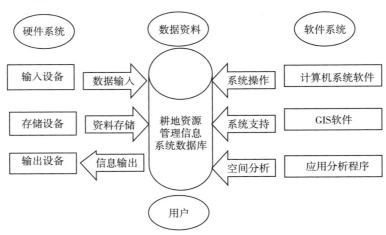

图 2-3 耕地资源管理信息系统数据库平台组成

（3）硬件组成

系统的硬件组成如图 2-4 所示。

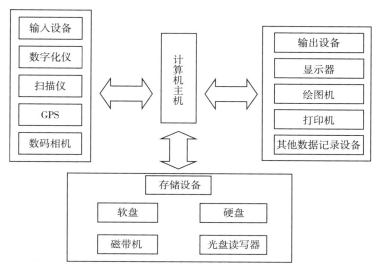

图 2-4　系统的硬件组成

（4）软件构成

系统的软件构成见图 2-5。

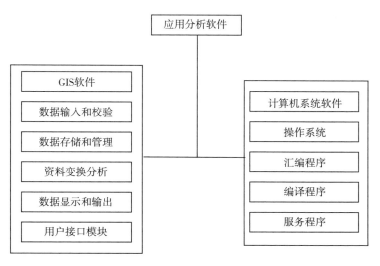

图 2-5　系统的软件构成

二、耕地资源管理信息系统设计方案

耕地资源管理信息系统建立工作流程如图 2-6 所示。

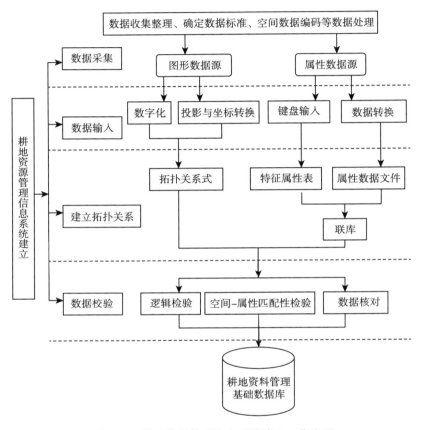

图 2-6 耕地资源管理信息系统建立工作流程

（一）收集与整理资料

数据采集是建立数据库的准备阶段，收集与赤峰市耕地资源管理信息系统有关的立地条件、土壤条件、社会经济条件等资料并进行整理，为系统建立提供必要的基础数据。

（二）数据库的建立

1. 属性数据库的建立

（1）数据分类与编码

属性数据按不同的对象进行分类、编码，使空间数据库与属性数据库实现正确连接。数据的分类与编码是对数据资料进行有效管理的重要依据，数据的科学编码既便于对数据的管理，又可以促进对数据的有效使用。编码格式由英文字母与数字组合。赤峰市耕地资源管理信息系统主要采用数字表示的层次型分类编码体系，它能反映专题要素分类体系的基本特征。

（2）建立数据字典

数据字典是数据库应用设计的重要内容，是描述数据库中各类数据及其组合的数据集合，也称元数据，它是关于数据描述信息的名词数据库，它包括每一个数据元的名字、意义、描述、来源、功能、格式以及与其他数据的关系，避免重复数据项的出现，并提供查询数据的唯一入口。同时，数据字典是一个动态文件，它随着数据库的开发和维护不断地修正和更新。

（3）属性数据库表结构设计

属性数据库的建立与录入可独立于空间数据库和耕地资源管理信息系统，可以在 ACCESS、dBASE、V－FOR 等的基础上建立，最终统一以 dBASE 的 DBF 格式保存入库。

1）土地利用现状数据库表结构（表2-1）

表2-1　土地利用现状数据库表结构

序号	字段名称	类型	宽度（字节）
1	序号	文本型	6
2	地类代码	文本型	20
3	地类名称	文本型	20
4	市名称	文本型	8
5	县区名称	文本型	20
6	乡镇名称	文本型	20
7	地物名称	文本型	20
8	面积（m²）	数值型	20（4）
9	面积（hm²）	数值型	20（2）

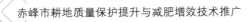

2）土壤类型数据库表结构（表2-2）

表2-2　土壤类型数据库表结构

序号	字段名称	类型	宽度（字节）
1	序号	文本型	10
2	土类名称	文本型	20
3	土类代码	文本型	10
4	亚类名称	文本型	20
5	亚类代码	文本型	10
6	土属名称	文本型	20
7	土属代码	文本型	10

3）土壤采样点数据库表结构（表2-3）

表2-3　土壤采样点数据库表结构

序号	字段名称	类型	宽度（字节）
1	序号	文本型	10
2	旗名称	文本型	20
3	乡镇名称	文本型	20
4	采样地点	文本型	50
5	纬度	数值型	20（8）
6	经度	数值型	20（8）
7	速效钾含量（mg/kg）	数值型	5（1）
8	有效磷含量（mg/kg）	数值型	5（1）
9	有机质含量（g/kg）	数值型	5（2）

④ 地力评价数据表结构（表2-4）

表2-4　地力评价数据表结构

序号	字段名称	类型	宽度（字节）	序号	字段名称	类型	宽度（字节）
1	单位代码	文本型	20	5	权属现状	文本型	20
2	图斑编号	文本型	20	6	单位名称	文本型	40
3	地类代码	文本型	8	7	乡镇名称	文本型	40
4	地类名称	文本型	20	8	县区名称	文本型	40

（续）

序号	字段名称	类型	宽度（字节）	序号	字段名称	类型	宽度（字节）
9	权属地名	文本型	20	16	质地	文本型	14
10	地块面积	数值型	12（2）	17	有效磷	文本型	12
11	潜水埋深	文本型	12	18	有机质	文本型	12
12	有效土层厚度	文本型	12	19	抗旱能力	文本型	12
13	成土母质	文本型	6	20	灌溉保证率	文本型	12
14	侵蚀程度	文本型	12	21	综合地力指数	数值型	20（4）
15	速效钾	文本型	14	22	地力等级	文本型	6

2. 空间数据库的建立

（1）空间数据采集的步骤

赤峰市耕地资源管理信息系统建立过程中，空间数据采集的步骤是关系到耕地资源数据库质量的重要基础性工作。第一，对收集的资料进行分类检查、整理与预处理；第二，按照图件资料介质的类型进行扫描，并对扫描图件进行扫描纠正；第三，对矢量化数据进行坐标投影的设定；第四，进行数据的分层矢量化采集、矢量化数据输入；第五，数据拼接以及数据、图形的综合检查。

（2）数据标准

基于 GIS 手段建立耕地资源管理信息系统体系，统一管理多个图层信息，必须执行统一的数据标准。赤峰市耕地资源管理信息系统统一的数据标准如下：

投影与坐标系统：地图投影是按照一定的数学法则建立平面上的点（用平面直角坐标或者极坐标表示）和地球表面上的点（某一椭球体表面，用经纬度表示）之间的函数关系，把地球椭球面上各点球坐标变换为平面上相应点的平面直角坐标。地图投影的选择主要由专题内容、研究区域大小、研究区域形状、研究区域地理位置、投影类型应用的广泛性等方面决定。

专题符号：参考《国家基本比例尺地图图式第 1 部分：1∶500　1∶1 000 1∶2 000 地形图图式》（GB/T 20257.1—2017）、《地图符号库建立的基本规定》（CH/T 4015—2001）与《专题地图信息分类与代码》（GB/T 18317—2009）编制使用专题符号。行政区划、道路、居民点等基础地理信息使用内蒙古自治区基础地理信息中心的标准数据。

（3）图件数字化

1）图件的扫描

对搜集到的纸介质的图件资料进行扫描，扫描的精度要大于 300dpi，同时将文件保存为 TIFF 格式。在扫描过程中，纸介质的图件在保存的过程中可能变形，扫描后需要利用扫描仪自带的扫描软件进行角度校正，角度校正后必须保证图幅下方两个内图廓点的连线与水平线的角度误差＜0.2°。

2）数据采集与分层矢量化

为了确保图件矢量化的精度，赤峰市耕地资源管理信息系统中图件矢量化采用交互式矢量化方法。由于所采集的数据种类较多，所以必须对所采集的数据按点状要素、线状要素和面状要素不同类型进行分层采集，将分层采集的数据分层保存。图件数字化工作流程如图 2-7 所示。

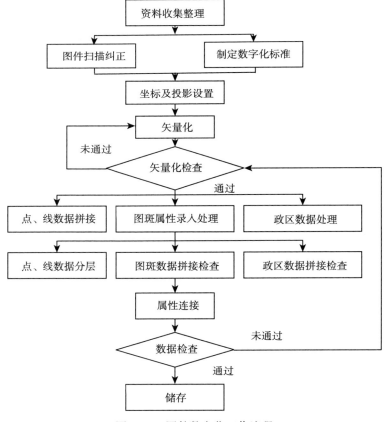

图 2-7 图件数字化工作流程

3）矢量化数据的拓扑检查

由于在矢量化过程中不可避免地存在一些问题，因此，在完成图形数据的分层矢量化以后，要进行下一步工作时，必须对分层矢量化以后的数据进行矢量化数据的拓扑检查，包括消除在矢量化过程中存在的一些悬挂线段、检查图斑和行政区等面状要素的闭合性等。

输入的原始图形数据主要包括赤峰市土壤图、质地图等，生成数字化基础图件，为以后图形的各种分析处理提供基础。

（4）属性数据的输入

属性数据的输入是与空间数据矢量化同步进行的。表结构建立之后，在MapInfo中通过面域搜索输入对应于某个图斑的属性数据，便完成了系统最初的空间与属性数据库的构建工作。

3. 坐标投影转换与数据格式转换

（1）坐标投影转换

空间数据库内的所有空间数据必须建立在相同的坐标系基础之上。空间数据的重要来源是地图，地球上空间位置的真实坐标只有通过坐标的转换才能反映在由平面坐标系表达的地图上。在坐标转换过程中，为了保证数据的精度，我们根据提供数据源的图件精度的不同，采用不同的质量控制方法进行坐标转换工作。赤峰市耕地资源管理信息系统数据库的数据投影方式为高斯投影，也就是对进行坐标转换以后的图形资料按照大地坐标系的经纬度坐标进行转换，以便以后进行图件拼接。

（2）数据格式转换

目前拥有的数据格式不尽相同，形成多源异构数据的现象，在这种状况下，要构建统一的耕地资源管理信息系统数据库，就必须解决这些多源异构数据的兼容问题，把它们转换成统一格式的数据并导入数据库。因此，在设计数据库的时候就应该考虑到哪些数据的格式需要转换，并针对不同的数据格式运用合适的数据转换方法。

4. 空间数据库与属性数据库的连接

MapInfo系统采用不同的数据模型分别对属性数据和空间数据进行存储管理，属性数据采用关系模型，空间数据采用网状模型，两种数据的联接非常重要。ArcInfo中的空间数据处理是以coverage为单位的，在一个coverage中，每一个抽象的地物都对应一个数据文件，在数据文件中不但包含抽象地物组成的信息，还包含该地物与其他同类或不同类抽象地物之间的拓扑关系。

在一个图幅工作单元 coverage 中，每个图形单元由唯一一个标识码来确定。同时一个 coverage 中可以有若干个关系数据库文件即要素属性表，用以完成对 coverage 的地理要素的属性描述。图形单元标识码是要素属性表中的一个关键字段，空间数据与属性数据以此字段形成关联，完成对地图的模拟。这种关联是将 MapInfo 的两种模型联成一体，可以方便地从空间数据中检索属性数据或者从属性数据中检索空间数据。

对赤峰市耕地资源管理信息系统属性数据与空间数据的关联，采用的方法是在图件矢量化过程中，同时输入属性信息或由不同格式的数据表直接导入系统，这种方法可由多人同时进行，速度较快。

5. 系统主要图层建立方法

除土壤图、质地图等一些图件采用人工数字化方法直接录入外，在系统建立过程中也借助了其他地理信息系统软件如 ArcGIS 和统计软件 SPSS、Excel 等对数据进行智能化处理。如坡度、坡向图采用 ArcGIS 软件对 DEM（数字高程模型）进行处理生成，各种养分图件借助 SPSS、Excel 分级后采用 ArcGIS 软件对采样点数据分析插值后生成。下面介绍主要图层生成过程。

（1）各类界线（县界、乡镇界）图层的生成

系统中各类界线图的生成，统一采用赤峰市土地利用现状图，依据其属性信息，采用 ArcGIS 中的 dissolve 功能，将不同层次界线一一合并，以得到各类界线图层。

（2）道路水系图层的生成

生成赤峰市耕地资源管理信息系统道路及水系图层，除了采用矢量化方法外，还对赤峰市土地利用现状图中道路及水系信息进行提取，与提供的纸质图件对比、修改、更新，以得到道路及水系现状图。

（3）采样点位图的生成

对采样点进行分析，剔除异常值。剔除异常值的公式为

$$X = \overline{X} \pm 3E$$

式中：X 为异常值范围，$\overline{X}$ 为所有采样点某一养分含量平均值，E 为标准差。

将采样点经纬度信息统一设置为十进制，保留 8 位小数，以保证点位的正确性，生成赤峰市采样点位图。生成点位图后，舍弃漂移点，并对采样点疏密程度不均的地区进行处理，以保证其分布较为均匀，为下一步插值生成养分图做准备。

（4）各种养分图的生成

由于采样点的数量是有限的，而系统在真正的应用中需要得到每个斑块的养分数据，因此非测定点上的值只能通过插值得到。构建本系统的养分图件采用克里格插值法。

克里格插值法（Kriging）又称空间局部插值法，是以变异函数理论和结构分析为基础，在有限区域内对区域化变量进行无偏最优估计的一种方法，是地统计学的主要内容之一。克里格插值法根据未知样点有限邻域内的若干已知样本点数据，在考虑了样本点的形状、大小和空间方位，与未知样点的相互空间位置关系以及变异函数提供的结构信息之后，对未知样点进行线性无偏最优估计。

克里格插值法的一般公式如下：

$$Z(x_0) = \sum_{i=1}^{n} \lambda_i Z(x_i)$$

式中：$Z(x_0)$ 为未知样点的值，$Z(x_i)$ 为未知样点周围的已知样本点的值，λ_i 为第 i 个已知样本点对未知样点的权重，n 为已知样本点的个数。

三、评价依据

耕地地力是指由土壤本身特性、自然背景条件和耕作管理水平等要素综合构成的耕地生产能力。评价是以调查获得的耕地自然环境要素、耕地土壤的理化性状、耕地的农田基础设施和管理水平为依据进行的。通过各因素对耕地地力影响的大小进行综合评定，确定不同的地力等级。耕地的自然环境要素包括耕地所处的成土母质、地貌类型、地形部位、土壤侵蚀程度等；耕地土壤的性状包括质地构型、有效土层厚度、质地、土壤养分元素以及 CEC 等；农田基础设施和管理水平包括灌排条件、梯田化水平等。因评价区域的不同而选择不同的评价因素。

赤峰市耕地地力评价的依据是《耕地质量等级》（GB/T 33469—2016），各评价单元的耕地生产性能总和指数按等距法和累积频率曲线法分段，并对赤峰市耕地进行等级划分。

评价时遵循以下几方面的原则：

1. 综合因素研究与主导因素分析相结合的原则

耕地地力是各类要素的综合体现，综合因素研究是对地形、地貌、土壤理化性状以及相关的社会经济因素进行综合研究、分析与评价，以全面了解耕地地力状况。主导因素是指对耕地地力起决定作用的、相对稳定的因子，在评价中要着重对其进行研究分析。

2. 定性与定量相结合的原则

影响耕地地力的因素有定性的和定量的，评价时要定性评价和定量评价相结合。总体上，为了保证评价结果的客观合理，尽量采用可定量的评价因子如有机质、有效土层厚度等按其参与计算评价，对非数量化的定性因子如地形部位、土体构型等要素进行量化处理，确定其相应的指数，运用计算机进行运算和处理，尽量避免人为因素的影响。在评价因素筛选、权重、评价评语、等级的确定等评价过程中，尽量采用定量化的数学模型，在此基础上，充分应用专家知识，对评价的中间过程和评价结果进行必要的定性调整。

3. 采用 GIS 支持的自动化评价方法的原则

GIS 是以采集存储管理分析描述和应用地球空间及地理分布有关数据的计算机系统，集地理学、信息学、计算机科学、空间科学、地球科学和管理科学等多学科于一体的新兴边缘科学，本次耕地地力评价在 GIS 支持下，通过建立数据库、评价模型，实现了全数字化、自动化的评价技术流程，在一定程度上代表耕地地力评价的最新技术方法。

四、评价的技术流程

耕地地力评价有许多不同的内涵和外延，即使对同一个特定的定义，耕地地力评价也有不同的方法。所以确定方法对开展调查至关重要，本次调查采用的评价流程也是国内外相关项目和研究中应用较多、相对比较成熟的方法，更是立足于现有资料和技术水平的方法，其简要的技术流程如下：

第一步：利用 3S（遥感系统、全球定位系统、地理信息系统）技术，收集整理所有相关历史数据资料和测土配方施肥数据资料，采用多种方法和技术手段，以县为单位建立耕地资源基础数据库。

第二步：从国家和省级耕地地力评价体系中，在省级专家技术组的主持下，邀请县级专家参加，结合各地实际，确定耕地地力评价指标。

第三步：利用数字化的标准的县级土壤图和土地利用现状图等确定评价单元。评价单元不宜过细过多，要进行综合取舍和其他技术处理。

第四步：建立市级耕地资源信息系统。全国将统一提供系统平台软件，各地只需要按照统一的要求，将第二次土壤普查结果及相关的图件资料和数据资料数字化，建立规范的数据库，并对空间数据库和属性数据库建立连接，用统一提供的平台软件进行管理。

第五步：这一步实际上有 3 个方面的内容，即对每个评价单元进行赋值、标准化和计算每个因素的权重。不同性质的数据赋值的方法不同。

第六步：进行综合评价并纳入国家耕地地力等级体系。耕地地力评价技术流程如图 2-8 所示。

（一）评价指标的确定

本次评价要素的选取遵循以下原则。①选取的因子对耕地地力有比较大的影响。②选取的因子在评价区域内的变异较大，便于划分耕地地力的等级。③选取的评价因素在时间序列上具有相对的稳定性。④选取评价因素与评价区域的空间尺度有密切的关系。⑤评价因素的选择和评价标准的确定要考虑当地的自然地理特点和社会经济因素及其发展水平。评价标准是各评价项目的内容在数量上的变化及其对特定利用方式或利用类型的适宜程度的差异，即各个评价项目的具体评价指标、评价标准应满足评价目的所提出的要求。⑥遵循可操作性原则，选择的指标要具有实用性，即易于捕捉信息并对其定量化处理。体系不宜过于庞大，应简单明了、便于理解和计算。⑦定性与定量相结合，尽量对定性的、经验性的分析进行量化，以定量为主。必要时对现阶段难以定量的指标进行定性分析，减少人为影响，提高精度。

基于以上原则，针对赤峰市的实际情况，赤峰市一级农业区为内蒙古及长城沿线区，二级农业区分为内蒙古中南部牧农区（阿鲁科尔沁旗、敖汉旗、巴林左旗、巴林右旗、翁牛特旗、林西县、克什克腾旗）和长城沿线农牧区（红山区、松山区、元宝山区、喀喇沁旗、宁城县）。依据全国耕地地力调查与质量评价指标体系选取 16 个评价指标，即地形部位、有效土层厚度（cm）、pH、有机质含量（g/kg）、有效磷含量（mg/kg）、速效钾含量（mg/kg）、耕层质地、土壤容重、生物多样性、清洁程度、障碍因素、灌溉

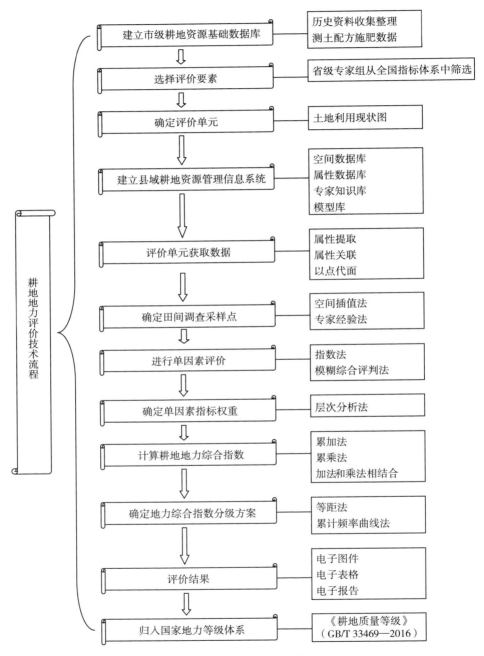

图 2-8 耕地地力评价技术流程

能力、排水能力、农田林网化程度、酸碱度、田面坡度（°），对赤峰市耕地进行等级评价（表2-5）。

表2-5 赤峰市耕地地力评价指标

目标层	准则层	指标层
耕地地力评价指标（A）	健康程度（B1）	清洁程度（C1）
		生物多样性（C2）
	立地条件（B2）	农田林网化（C3）
		坡度（C4）
		地形部位（C5）
	理化性状（B3）	土壤容重（C6）
		pH（C7）
		耕层质地（C8）
	土壤养分（B4）	速效钾（C9）
		有效磷（C10）
		有机质（C11）
	剖面性状（B5）	质地构型（C12）
		障碍因素（C13）
		有效土层厚度（C14）
	土壤管理（B6）	排水能力（C15）
		灌溉能力（C16）

（二）评价单元的划分

评价单元是由对耕地质量具有关键影响的各地力要素组成的空间实体，是耕地评价的最基本单位、对象和基础图斑。同一评价单元内的耕地自然基础条件、个体属性和经济属性基本一致，不同耕地评价单元之间既有差异性又有可比性。耕地地力评价就是要通过对每个评价单元的评价确定其地力级别，把评价结果落到实地和编绘的评价图上。因此，耕地评价单元划分的合理与否，直接关系到评价结果的准确性及工作量的大小。

耕地地力评价采用土壤图、土地利用现状图、≥10℃积温图、年降水量图、地貌类型图、坡度图、灌溉保证率图叠加，提取农用地，合并小单元格，将形成的图斑作为评价单元，评价单元空间界线及行政隶属关系明确，有准确的面积，赤峰市耕地地力评价以土地利用现状图的图斑为评价单元，将土壤图划分到土属，将土地利用现状图划分到二级利用类型，同一评价单元的土属类型、利用方式一致，不同评价单元之间既有差异性又有可比性。

第四节　耕地地力评价方法

建立好评价体系以后，应用层次分析法和模糊评价法计算各因素的权重和评价，在耕地资源管理信息系统支撑下，以评价单元图为基础，计算耕地地力综合指数，应用累计频率曲线法确定分级方案，评价耕地的地力等级。

一、评价单元赋值

评价单元图的每个图斑都必须有参与评价指标的属性数据。评价舍弃采取直接从键盘输入参评因子值的传统方式，将评价单元与各专题图件叠加采集各参评因素的信息，具体做法：第一，依据唯一标识原则为评价单元编号；第二，生成评价信息空间库和属性数据库；第三，从图形库中调出评价因子的专题图，与评价单元图进行叠加；第四，保持评价单元几何形状不变，直接对叠加后形成的图形属性库进行操作，以评价单元为基本统计单位，按面积加权平均汇总评价单元各评价因素的值。由此，得到图形与属性相连的、以评价单元为基本单位的评价信息，为后续耕地地力的评价奠定基础。根据不同类型数据的特点，可以采用以下几种途径为评价单元获取数据。

1. 点位图

对于点位图，先进行插值形成栅格图，与评价单元图叠加后采用加权统计的方法给评价单元赋值，如土壤有机质、有效磷、速效钾等。

2. 矢量图

对于矢量图，直接与评价单元图叠加，再采用加权统计的方法为评价单元赋值。对于土壤质地、容重等较稳定的土壤理化性状，可用同一土种的平均值直接为评价单元赋值。

3. 等值线图

对于等值线图，先采用地面高程模型生成栅格图，再与评价单元图叠加后采用分区统计的方法给评价单元赋值，如等高线、积温、降雨等。

二、确定评价指标的权重

由于各评价因素对耕地地力的影响程度是有差异的，必须确定它们的权重。计算单因素权重可以有多种方法，如主成分分析法、多元回归分析法、逐步回归分析法、灰色关联分析法、层次分析法等。本次评价采用层次分析法来确定各评价指标的权重。用层次分析法做系统分析，首先要把问题层次化，根据问题的性质和要达到的总目标，将问题分解为不同的组成因素，并按照因素间的相互影响关系及隶属关系，将各因素按不同层次聚合，形成一个多层次的分析结构模型，并最终把系统分析归结为最低层相对于最高层的相对重要性权值的确定或相对优劣次序的排序。

三、评价指标的量化处理

1. 模糊评价法基本原理

耕地是在自然因素和人为因素共同作用下形成的一种复杂的自然综合体，受时间、空间因子的制约。现阶段，这些制约因子的作用还难以用精确的数字来表达。同时，耕地质量本身在"好"与"不好"之间也无截然的界限，这类界限具有模糊性，因此，可以用模糊评价法来进行单因素评价。

模糊数学的概念与方法在农业系统数量化研究中得到广泛的应用。模糊子集、隶属函数与隶属度是模糊数学的三个重要概念。一个模糊性概念就是一个子集，模糊子集 A 的取值为 $0\sim1$ 的任一数值（包括两端的 0 与 1）。隶属度是元素 x 符合这个模糊性概念的程度。完全符合时隶属度为 1，完全不符合时为 0，部分符合时取 0 与 1 之间的值。而隶属函数 $\mu A（x）$ 是元素 x_i 与隶属度 μ_i 之间的解析函数。根据隶属函数，对于每个 x_i 都可以算出对应的隶属度 μ_i。

应用模糊子集、隶属函数与隶属度的概念，可以将农业系统中大量模糊性的定性概念转化为定量的表示。对不同类型的模糊子集，可以建立不同类型的隶属函数关系。

2. 单因素指标评语表达

根据模糊数学的理论，评价指标与耕地地力之间的关系分为戒上型函数、戒下型函数、峰值型函数、直线型函数以及概念型函数五种类型的隶属函数。赤峰市地力评价主要采用戒上型函数、峰值函数和概念型函数三种类型的隶属函数。

（1）戒上型函数

$$y_i = \begin{cases} 0 & u_i \leqslant u_t \\ 1/[1+a_i(u_i-c_i)^2], & u_i < c_i,(i=1,2,\cdots,n) \\ 1 & u_i \geqslant c_i \end{cases}$$

式中：y_i 为第 i 个因素评语，u_i 为样品观测值，c_i 为标准指标值，a_i 为系数，u_t 为指标下限值（图 2-9）。

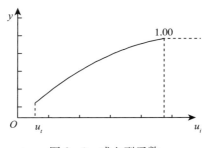

图 2-9　戒上型函数

土壤养分三项指标（土壤有机质、土壤有效磷、土壤速效钾）应用戒上型函数进行赋值。

（2）峰值函数

$$y_i = \begin{cases} 0 & u_i \leqslant u_{t1} \text{ 或 } u_i \geqslant u_{t2} \\ 1/[1+a_i(u_i-c_i)^2], & u_{t1} < u_i < u_{t2} \\ 1 & u_i = c_i \end{cases}$$

式中：y_i 为第 i 个因素评语，u_i 为样品观测值，c_i 为标准指标值，a_i 为系数，u_{t1} 和 u_{t2} 分别为指标上、下限值（图 2-10）。

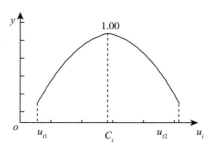

图 2-10　峰值函数

理化性状指标中的土壤 pH 和土壤容重应用峰值函数进行赋值。

（3）概念型函数

这类指标的性状是定性的、综合性的，与耕地生产能力之间是一种非线性的关系，如清洁程度、生物多样性、农田林网化等。这类要素的评价可采用特尔菲法直接给出隶属度。

应用以上模糊评价法进行单因子评价，计算赤峰市各评价因子的隶属度，如表 2-6、表 2-7、表 2-8 和表 2-9 所示。

表 2-6　内蒙古中南部牧区耕地地力评价指标隶属函数汇总

函数类型	项目	隶属函数	C	U_{t1}	U_{t2}
戒上型	有机质（g/kg）	$Y=1/[1+34.37\times10^{-4}(u-c)^2]$	$C=29.467\,952$	$U_{t1}=29.467\,952$	$U_{t2}=-21.71$
戒上型	有效磷（mg/kg）	$Y=1/[1+34.37\times10^{-4}(u-c)^2]$	$C=29.467\,952$	$U_{t1}=29.467\,952$	$U_{t2}=-21.71$
戒上型	速效钾（mg/kg）	$Y=1/[1+0.32\times10^{-4}(u-c)^2]$	$C=273.613\,884$	$U_{t1}=273.613\,884$	$U_{t2}=-256.72$
峰值	pH	$Y=1/[1+0.474\,732(u-c)^2]$	$C=7.122\,609$	$U_{t1}=11.47$	$U_{t2}=2.76$
峰值	容重（g/cm³）	$Y=1/[1+10.388\,606(u-c)^2]$	$C=1.283\,822$	$U_{t1}=2.21$	$U_{t2}=0.35$

式中：C 为标准指标值，U_{t1} 和 U_{t2} 分别为指标上、下限值。

表 2-7　内蒙古中南部牧区耕地地力评价概念评价指标汇总

评价因素	描述	隶属度
清洁程度	清洁程度＝"清洁"	1.00
排水能力	排水能力＝"不满足"	0.43
排水能力	排水能力＝"充分满足"	1.00
排水能力	排水能力＝"基本满足"	0.62
排水能力	排水能力＝"满足"	0.83
灌溉能力	灌溉能力＝"不满足"	0.38
灌溉能力	灌溉能力＝"充分满足"	1.00
灌溉能力	灌溉能力＝"基本满足"	0.65
灌溉能力	灌溉能力＝"满足"	0.85
障碍因素	障碍因素＝"瘠薄"	0.51
障碍因素	障碍因素＝"沙化"	0.56
障碍因素	障碍因素＝"无"	1.00
障碍因素	障碍因素＝"盐渍化"	0.62

（续）

评价因素	描 述	隶属度
障碍因素	障碍因素＝"障碍层次"	0.67
地形部位	地形部位＝"宽谷盆地"	0.86
地形部位	地形部位＝"平原低阶"	1.00
地形部位	地形部位＝"平原高阶"	0.74
地形部位	地形部位＝"平原中阶"	0.88
地形部位	地形部位＝"丘陵上部"	0.39
地形部位	地形部位＝"丘陵下部"	0.61
地形部位	地形部位＝"丘陵中部"	0.50
地形部位	地形部位＝"山地坡上"	0.16
地形部位	地形部位＝"山地坡下"	0.42
地形部位	地形部位＝"山地坡中"	0.30
地形部位	地形部位＝"山间盆地"	0.79
耕层质地	耕层质地＝"黏土"	0.49
耕层质地	耕层质地＝"轻壤"	0.86
耕层质地	耕层质地＝"沙壤"	0.75
耕层质地	耕层质地＝"沙土"	0.38
耕层质地	耕层质地＝"重壤"	0.77
耕层质地	耕层质地＝"中壤"	1.00
质地构型	质地构型＝"薄层型"	0.32
质地构型	质地构型＝"海绵型"	0.91
质地构型	质地构型＝"夹层型"	0.62
质地构型	质地构型＝"紧实型"	0.68
质地构型	质地构型＝"上紧下松型"	0.53
质地构型	质地构型＝"上松下紧型"	1.00
质地构型	质地构型＝"松散型"	0.44
有效土层厚	有效土层厚≤30cm	0.44
有效土层厚	有效土层厚＞30cm，有效土层厚≤60cm	0.80
有效土层厚	有效土层厚＞60cm	1.00
生物多样性	生物多样性＝"不丰富"	0.38
生物多样性	生物多样性＝"丰富"	1.00
生物多样性	生物多样性＝"一般"	0.68

（续）

评价因素	描　述	隶属度
农田林网化	农田林网化＝"低"	0.39
农田林网化	农田林网化＝"高"	1.00
农田林网化	农田林网化＝"中"	0.74
坡度	坡度≤2°	1.00
坡度	坡度＞2°，坡度≤6°	0.84
坡度	坡度＞6°，坡度≤10°	0.67
坡度	坡度＞10°，坡度≤15°	0.52
坡度	坡度＞15°	0.29

表 2-8　长城沿线农牧区耕地地力评价指标隶属函数汇总

函数类型	项目	隶属函数	C	U_{t1}	U_{t2}
戒上型	有机质（g/kg）	$Y=1/\left[1+34.37\times10^{-4}\ (u-c)^2\right]$	$C=29.467\,952$	$U_{t1}=29.467\,952$	$U_{t2}=-21.71$
戒上型	有效磷（mg/kg）	$Y=1/\left[1+70\times10^{-4}\ (u-c)^2\right]$	$C=25.24$	$U_{t1}=25.24$	$U_{t2}=-10.62$
戒上型	速效钾（mg/kg）	$Y=1/\left[1+0.32\times10^{-4}\ (u-c)^2\right]$	$C=273.613\,884$	$U_{t1}=273.613\,884$	$U_{t2}=-256.72$
峰值	pH	$Y=1/\left[1+0.474\,732\ (u-c)^2\right]$	$C=7.122\,609$	$U_{t1}=11.47$	$U_{t2}=2.76$
峰值	容重（g/cm³）	$Y=1/\left[1+10.388\,606\ (u-c)^2\right]$	$C=1.283\,822$	$U_{t1}=2.21$	$U_{t2}=0.35$

式中：C 为标准指标值，U_{t1} 和 U_{t2} 分别为指标上、下限值。

表 2-9　长城沿线农牧区耕地地力评价概念评价指标汇总

评价因素	描　述	隶属度
清洁程度	清洁程度＝"清洁"	1.00
清洁程度	清洁程度＝"尚清洁"	0.60
排水能力	排水能力＝"不满足"	0.43
排水能力	排水能力＝"充分满足"	1.00
排水能力	排水能力＝"基本满足"	0.62
排水能力	排水能力＝"满足"	0.83
灌溉能力	灌溉能力＝"不满足"	0.38
灌溉能力	灌溉能力＝"充分满足"	1.00
灌溉能力	灌溉能力＝"基本满足"	0.65
灌溉能力	灌溉能力＝"满足"	0.85

（续）

评价因素	描　述	隶属度
障碍因素	障碍因素＝"瘠薄"	0.51
障碍因素	障碍因素＝"沙化"	0.56
障碍因素	障碍因素＝"无"	1.00
障碍因素	障碍因素＝"障碍层次"	0.67
障碍因素	障碍因素＝"盐渍化"	0.62
地形部位	地形部位＝"宽谷盆地"	0.86
地形部位	地形部位＝"平原低阶"	1.00
地形部位	地形部位＝"平原高阶"	0.74
地形部位	地形部位＝"平原中阶"	0.88
地形部位	地形部位＝"丘陵上部"	0.39
地形部位	地形部位＝"丘陵下部"	0.61
地形部位	地形部位＝"丘陵中部"	0.50
地形部位	地形部位＝"山地坡上"	0.16
地形部位	地形部位＝"山地坡下"	0.42
地形部位	地形部位＝"山地坡中"	0.30
地形部位	地形部位＝"山间盆地"	0.79
耕层质地	耕层质地＝"黏土"	0.49
耕层质地	耕层质地＝"轻壤"	0.86
耕层质地	耕层质地＝"沙壤"	0.75
耕层质地	耕层质地＝"沙土"	0.38
耕层质地	耕层质地＝"中壤"	1.00
耕层质地	耕层质地＝"重壤"	0.77
质地构型	质地构型＝"薄层型"	0.32
质地构型	质地构型＝"海绵型"	0.91
质地构型	质地构型＝"夹层型"	0.62
质地构型	质地构型＝"紧实型"	0.68
质地构型	质地构型＝"上紧下松型"	0.53
质地构型	质地构型＝"上松下紧型"	1.00
质地构型	质地构型＝"松散型"	0.44
有效土层厚	有效土层厚≤30cm	0.44
有效土层厚	有效土层厚＞30cm，有效土层厚≤60cm	0.80

（续）

评价因素	描　述	隶属度
有效土层厚	有效土层厚＞60cm	1.00
生物多样性	生物多样性＝"不丰富"	0.38
生物多样性	生物多样性＝"丰富"	1.00
生物多样性	生物多样性＝"一般"	0.68
农田林网化	农田林网化＝"低"	0.39
农田林网化	农田林网化＝"高"	1.00
农田林网化	农田林网化＝"中"	0.74
坡度	坡度≤2°	1.00
坡度	坡度＞2°，坡度≤6°	0.84
坡度	坡度＞6°，坡度≤10°	0.67
坡度	坡度＞10°，坡度≤15°	0.52
坡度	坡度＞15°	0.29

确定每个指标的隶属度后就可以通过构建各参评因素的层次模型、利用层次分析法确定各指标的权重。

3. 构建参评因素层次结构

（1）内蒙古中南部农牧区

赤峰市阿鲁科尔沁旗、敖汉旗、巴林左旗、巴林右旗、翁牛特旗、林西县、克什克腾旗属于内蒙古中南部农牧区，利用内蒙古中南部农牧区层次分析模型确定各指标权重，具体分析数据见表2-10至表2-16。

表 2-10　内蒙古中南部农牧区判断矩阵

耕地生产潜力	健康状况	理化性状	土壤养分	剖面性状	土壤管理	立地条件	权　重
健康状况	1.000 0	0.491 3	0.420 1	0.386 6	0.345 1	0.298 9	0.070 2
理化性状	2.035 6	1.000 0	0.855 2	0.786 9	0.702 6	0.608 3	0.142 9
土壤养分	2.380 3	1.169 3	1.000 0	0.920 2	0.821 5	0.711 4	0.167 1
剖面性状	2.586 9	1.270 8	1.086 8	1.000 0	0.892 8	0.773 1	0.181 6
土壤管理	2.897 4	1.423 4	1.217 2	1.120 0	1.000 0	0.865 9	0.203 4
立地条件	3.346 2	1.643 8	1.405 7	1.293 5	1.154 9	1.000 0	0.234 9

内蒙古中南部农牧区（阿鲁科尔沁旗、敖汉旗、巴林左旗、巴林右旗、

翁牛特旗、林西县、克什克腾旗）土壤健康状况层次分析判断矩阵见表2-11。

表 2-11 内蒙古中南部农牧区土壤健康状况层次分析判断矩阵

健康状况	清洁程度	生物多样性	权　重
清洁程度	1.000 0	0.912 8	0.477 2
生物多样性	1.095 5	1.000 0	0.522 8

内蒙古中南部农牧区（阿鲁科尔沁旗、敖汉旗、巴林左旗、巴林右旗、翁牛特旗、林西县、克什克腾旗）土壤理化性状层次分析判断矩阵见表2-12。

表 2-12 内蒙古中南部农牧区土壤理化性状层次分析判断矩阵

理化性状	pH	土壤容重	耕层质地	权　重
pH	1.000 0	0.849 5	0.694 2	0.276 4
土壤容重	1.177 2	1.000 0	0.817 2	0.325 4
耕层质地	1.440 5	1.223 7	1.000 0	0.398 2

内蒙古中南部农牧区（阿鲁科尔沁旗、敖汉旗、巴林左旗、巴林右旗、翁牛特旗、林西县、克什克腾旗）土壤养分状况层次分析判断矩阵见表2-13。

表 2-13 内蒙古中南部农牧区土壤养分状况层次分析判断矩阵

养分状况	速效钾	有效磷	有机质	权　重
速效钾	1.000 0	0.785 6	0.567 1	0.247 8
有效磷	1.272 9	1.000 0	0.721 9	0.315 4
有机质	1.763 3	1.385 2	1.000 0	0.436 9

内蒙古中南部农牧区（阿鲁科尔沁旗、敖汉旗、巴林左旗、巴林右旗、翁牛特旗、林西县、克什克腾旗）土壤剖面性状层次分析判断矩阵见表2-14。

表 2-14 内蒙古中南部农牧区土壤剖面性状层次分析判断矩阵

剖面性状	障碍因素	质地构型	有效土层厚	权　重
障碍因素	1.000 0	0.844 2	0.704 9	0.277 5
质地构型	1.184 5	1.000 0	0.835 0	0.328 7
有效土层厚	1.418 7	1.197 7	1.000 0	0.393 7

内蒙古中南部农牧区（阿鲁科尔沁旗、敖汉旗、巴林左旗、巴林右旗、翁牛特旗、林西县、克什克腾旗）土壤管理层次分析判断矩阵见表2-15。

表2-15　内蒙古中南部农牧区土壤管理层次分析判断矩阵

土壤管理	排水能力	灌溉能力	权　重
排水能力	1.000 0	0.438 5	0.304 8
灌溉能力	2.280 6	1.000 0	0.695 2

内蒙古中南部农牧区（阿鲁科尔沁旗、敖汉旗、巴林左旗、巴林右旗、翁牛特旗、林西县、克什克腾旗）立地条件层次分析判断矩阵见表2-16。

表2-16　内蒙古中南部农牧区立地条件层次分析判断矩阵

立地条件	农田林网化	地形部位	坡　度	权　重
农田林网化	1.000 0	0.515 8	0.493 2	0.201 4
地形部位	1.938 7	1.000 0	0.956 2	0.390 4
坡　度	2.027 5	1.045 8	1.000 0	0.408 3

（2）长城沿线农牧区

赤峰市红山区、松山区、元宝山区、喀喇沁旗、宁城县属于长城沿线农牧区，利用长城沿线农牧区层次分析模型确定各指标权重，具体分析数据见表2-17至表2-23。

表2-17　长城沿线农牧区判断矩阵

耕地生产潜力	健康状况	立地条件	理化性状	土壤养分	剖面性状	土壤管理	权　重
健康状况	1.000 0	0.500 0	0.390 7	0.324 8	0.287 5	0.281 1	0.063 8
立地条件	2.000 0	1.000 0	0.781 4	0.649 7	0.575 0	0.562 1	0.127 6
理化性状	2.559 6	1.279 8	1.000 0	0.831 5	0.735 9	0.719 4	0.163 3
土壤养分	3.078 4	1.539 2	1.202 7	1.000 0	0.885 1	0.865 2	0.196 4
剖面性状	3.478 1	1.739 0	1.358 8	1.129 8	1.000 0	0.977 5	0.221 9
土壤管理	3.558 0	1.779 0	1.390 1	1.155 8	1.023 0	1.000 0	0.227 0

长城沿线农牧区（红山区、松山区、元宝山区、喀喇沁旗、宁城县）土壤健康状况层次分析判断矩阵见表2-18。

表 2-18　长城沿线农牧区土壤健康状况层次分析判断矩阵

健康程度	清洁程度	生物多样性	权　重
清洁程度	1.000 0	0.702 7	0.412 7
生物多样性	1.423 0	1.000 0	0.587 3

长城沿线农牧区（红山区、松山区、元宝山区、喀喇沁旗、宁城县）立地条件层次分析判断矩阵见表 2-19。

表 2-19　长城沿线农牧区立地条件层次分析判断矩阵

立地条件	农田林网化	坡　度	地形部位	权　重
农田林网化	1.000 0	0.794 1	0.403 0	0.210 9
坡　度	1.259 3	1.000 0	0.507 5	0.265 6
地形部位	2.481 5	1.970 6	1.000 0	0.523 4

长城沿线农牧区（红山区、松山区、元宝山区、喀喇沁旗、宁城县）土壤理化性状层次分析判断矩阵见表 2-20。

表 2-20　长城沿线农牧区土壤理化性状层次分析判断矩阵

理化性状	土壤容重	pH	耕层质地	权　重
土壤容重	1.000 0	0.500 0	0.421 9	0.186 2
pH	2.000 0	1.000 0	0.843 8	0.372 4
耕层质地	2.370 4	1.185 2	1.000 0	0.441 4

长城沿线农牧区（红山区、松山区、元宝山区、喀喇沁旗、宁城县）土壤养分状况层次分析判断矩阵见表 2-21。

表 2-21　长城沿线农牧区土壤养分状况层次分析判断矩阵

土壤养分	速效钾	有效磷	有机质	权重
速效钾	1.000 0	0.803 3	0.563 2	0.248 7
有效磷	1.244 9	1.000 0	0.701 1	0.309 6
有机质	1.775 5	1.426 2	1.000 0	0.441 6

长城沿线农牧区（红山区、松山区、元宝山区、喀喇沁旗、宁城县）土壤剖面性状层次分析判断矩阵见表 2-22。

表 2 - 22　长城沿线农牧区土壤剖面性状判断矩阵

剖面性状	质地构型	障碍因素	有效土层厚	权　重
质地构型	1.000 0	0.560 0	0.560 0	0.217 7
障碍因素	1.785 7	1.000 0	0.660 0	0.337 7
有效土层厚	1.785 7	1.515 2	1.000 0	0.444 6

长城沿线农牧区（红山区、松山区、元宝山区、喀喇沁旗、宁城县）土壤管理层次分析判断矩阵见表 2 - 23。

表 2 - 23　长城沿线农牧区土壤管理层次分析判断矩阵

土壤管理	排水能力	灌溉能力	权　重
排水能力	1.000 0	1.000 0	0.500 0
灌溉能力	1.000 0	1.000 0	0.500 0

判断矩阵重要性标度及其含义见表 2 - 24。

表 2 - 24　判断矩阵重要性标度及其含义

重要性标度	含　义
1	表示因素一与因素二同等重要
3	表示因素一比因素二稍重要
5	表示因素一比因素二明显重要
7	表示因素一比因素二强烈重要
9	表示因素一比因素二极端重要
2、4、6、8	2、4、6、8 分别表示相邻判断 1 和 3、3 和 5、5 和 7、7 和 9 的中值
倒　数	表示因素一与因素二比较得 B_{ij}，则因素二与因素一比较得 $b_{ji} = 1/b_{ji}$

4. 层次分析结果

通过求各判断矩阵得到准则层和指标层的权重系数，求得每个评价指标对耕地地力的权重，即每个指标对相应准则层的权重系数乘以准则层对耕地地力的权重系数，不同农牧区层次分析结果见表 2 - 25 和表 2 - 26。

表 2 - 25　内蒙古中南部农牧区层次分析结果

指标名称	指标权重
清洁程度	0.033 5
生物多样性	0.036 7
pH	0.039 5
土壤容重	0.046 5
耕层质地	0.056 9
速效钾	0.041 4
有效磷	0.052 7
有机质	0.073 0
障碍因素	0.050 4
质地构型	0.059 7
有效土层厚	0.071 5
排水能力	0.062 0
灌溉能力	0.141 4
农田林网化	0.047 3
地形部位	0.091 7
坡度	0.095 9

表 2 - 26　长城沿线农牧区层次分析结果

指标名称	指标权重
清洁程度	0.026 3
生物多样性	0.037 5
农田林网化	0.026 9
坡度	0.033 9
地形部位	0.066 8
土壤容重	0.030 4
pH	0.060 8
耕层质地	0.072 1
速效钾	0.048 9
有效磷	0.060 8
有机质	0.086 7
质地构型	0.048 3
障碍因素	0.074 9

（续）

指标名称	指标权重
有效土层厚	0.098 7
排水能力	0.113 5
灌溉能力	0.113 5

四、计算耕地地力综合指数

利用累加模型计算耕地地力综合指数（IFI），即对应每个图斑的综合评价。

$$IFI = \sum A_i \times C_i B_i, i = 1, 2, 3, \cdots\cdots, n$$

式中：A_i 表示第 i 个因子隶属度，$C_i B_i$ 表示第 i 个因素的权重组合。

第五节　耕地地力评价结果

根据样点数与耕地地力综合指数制作累积频率曲线图，确定耕地地力等级及等级界限。依据《耕地质量等级》（GB/T33469—2016）标准，把赤峰市耕地地力划分为 10 个等级，归入国家耕地地力等级。耕地地力等级划分标准见表 2 - 27。

表 2 - 27　耕地地力等级划分标准

地力等级	地力综合指数分级
一	$0.856\ 6 \leqslant IFI < 1.000\ 0$
二	$0.832\ 3 \leqslant IFI < 0.856\ 6$
三	$0.803\ 4 \leqslant IFI < 0.832\ 3$
四	$0.772\ 6 \leqslant IFI < 0.803\ 4$
五	$0.742\ 1 \leqslant IFI < 0.772\ 6$
六	$0.714\ 0 \leqslant IFI < 0.742\ 1$
七	$0.688\ 9 \leqslant IFI < 0.714\ 0$
八	$0.663\ 8 \leqslant IFI < 0.688\ 9$
九	$0.628\ 5 \leqslant IFI < 0.663\ 8$
十	$0.000\ 0 \leqslant IFI < 0.628\ 5$

根据样点数与耕地地力综合指数制作累积频率曲线图，确定耕地地力等级及等级界线。利用县域耕地资源管理信息系统，调用属性数据库数据，以评价样点单元数为 X 轴，以综合指数为 Y 轴，绘制综合指数分布图（图 2-11）。

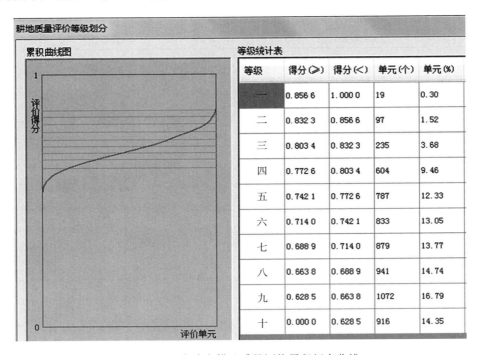

图 2-11　赤峰市耕地质量评价累积频率曲线

依据《耕地质量等级》（GB/T 33469—2016），按耕地地力等级划分标准，利用县域耕地资源管理信息系统，分析赤峰市地力情况。做赤峰市十等地面积占比图（图 2-12）。从图 2-12 可以看出，赤峰市耕地一至十等地均有分布。其中一至二等地占全市耕地总面积的 3%，三至六等地占全市耕地面积的 38%，七至十等地占全市耕地总面积的 59%。九等地的面积最大，占总耕地面积的 17%，12 个旗县区均有分布，其次为八等地和十等地，分别占总耕地面积的 15%，而一等地和二等地面积很小，只占总耕地面积的 1% 和 2%，且分布不均，主要分布在巴林左旗、翁牛特旗和宁城县，分别占一、二等地的 33%、21% 和 21%。赤峰市耕地总体地力处于较低水平，存在大量的中低产田，高地力等级耕地面积占比较小，且分布不均，具有很大的提升空间，应加强土壤培肥，不断提升土壤肥力和灌排能力，改良中低产田，大力开展高标准农田建设，逐步提升全市耕地地力等级，从而实现"藏粮于地"的战略目标，确保人民粮食安全。

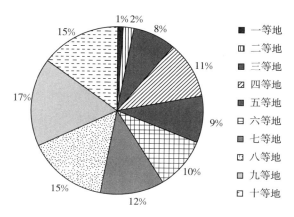

图 2 - 12　赤峰市地力等级占比

3

第三章
赤峰市耕地土壤养分现状与耕地质量提升措施

耕地土壤质量监测是及时了解和掌握耕地质量状况、促进耕地资源合理利用、提高耕地综合生产能力的基础性、公益性和长期性工作，更是指导农民科学施肥、提高肥料利用率、改善农业生态环境、促进农业绿色高质量发展的重要手段。从 2017 年开始，每年秋季组织赤峰市各旗县区于固定区域开展耕地质量监测的调查、采样、试验、分析等工作，通过统计分析全市耕地土壤主要养分现状及变化趋势，全面掌握全市耕地土壤养分变化情况，分析存在的问题，并分区域提出提升耕地质量的对策措施。

第一节　样点布设要求及监测指标

一、布点要求

按照"监测点覆盖所有耕地土壤类型"的原则，综合考虑现有监测点的土壤类型、种植制度、产量水平、耕地环境状况和后期管理维护水平等因素，科学安排建设耕地质量监测点，确保监测点的代表性和连续性，尽量做到覆盖所有耕地土壤类型，确保取样具有代表性。一万亩耕地设置一个取样点，每年尽量在同一地块进行取样，确保采样的年际可比性。连续多年对土壤养分状况进行化验分析，从而动态掌握全市耕地质量年际变化情况。

二、监测化验指标

对所采的土壤样品的 pH、全氮、有机质、有效磷、速效钾和缓效钾 6 项基础理化性状进行测定分析。通过分析全市耕地土壤养分变化情况掌握全市耕地质量变化趋势。

三、采样时间及要求

秋季作物收获后按布点要求采集土壤混合样品，严格按照《测土配方施肥技术规程》中土壤样品采集方法和土壤样品晾晒方法进行取样和制作风干样品，每个处理留取 2kg 土壤样品，其中 1kg 装袋后由旗县区长期保存，1kg 装袋后用于测试分析，测试分析方法见《耕地质量监测技术规程》。土壤样品袋用标准的布袋，袋内外都有标签，标签上注明采样地点、采样深度、采样时间、采样人、采样点统一编号等信息。

第二节　赤峰市耕地土壤养分现状

一、耕地土壤有机质含量现状

土壤有机质是指土壤中含碳的有机化合物。有机质中含有作物生长所需的各种养分，可以直接或间接地为作物生长提供氮、磷、钾、钙、镁、硫和各种微量元素。有机质中富含胡敏酸，可以增强作物呼吸作用，提高细胞膜的渗透性，促进作物对营养物质的吸收，改善土壤微生物的活动，促进作物的生长发育，是反映土壤肥力、耕地质量状况的综合性指标。

通过检测可知，赤峰市耕地土壤有机质平均含量为 14.6g/kg。

从分布频率上看：土壤有机质含量集中在 ＜10g/kg 和 10～20g/kg，监测样点分别为 613 个和 936 个，占总样点数的 30.70％和 46.90％；含量在 20～30g/kg 的样点有 382 个，占总样点数的 19.10％；含量在 30～40g/kg 的样点有 52 个，占总样点数的 2.60％；含量≥40g/kg 的样点有

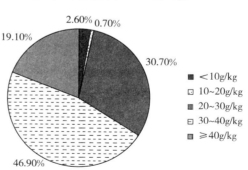

图 3-1　土壤有机质含量分布频率

13 个，占总样点数的 0.70％。通过分析可以看出，赤峰市土壤有机质含量小于 20g/kg 的耕地占总耕地的 77.60％，全市土壤有机质含量处于较低水平。具体情况见图 3-1。

从空间分布来看，宁城县和巴林左旗土壤有机质平均含量最高，均为

20.4g/kg，敖汉旗土壤有机质平均含量最低，为 6.4g/kg，两者相差较大，不同旗县区土壤有机质含量水平变化较大，针对不同区域需要采取不同措施培肥地力提升土壤有机质含量。各旗县区土壤有机质平均含量见图3-2。

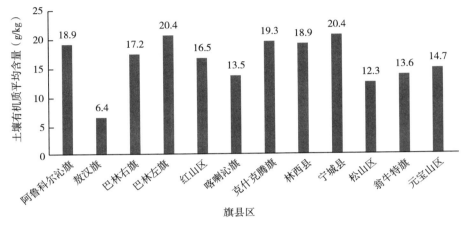

图 3-2　不同旗县区土壤有机质平均含量

二、耕地土壤全氮含量现状

氮是作物营养三要素之首。土壤中氮含量与作物生长直接相关，氮含量水平是评价耕地质量的主要指标之一。

通过检测删除异常值后，得出赤峰市土壤全氮平均含量为 0.76g/kg。

从分布频率来看：土壤全氮含量小于 0.1g/kg 的监测点有 145 个，占监测点总数的 7.30%；含量在 0.1～0.5g/kg 的有 404 个，占总数的 20.30%；含量在 0.5～1.0g/kg 的有 909 个，占总数的 45.70%；含量在 1.0～1.5g/kg 的有 406 个，占总数的 20.40%；含量≥1.5g/kg 的有 126 个，占总数的 6.30%。通过分析可以看出，赤峰市全氮含量小于 1g/kg 的耕地占总耕地的

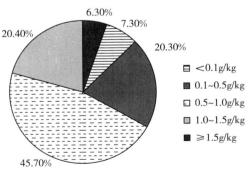

图 3-3　土壤全氮含量分布频率

73.30%，土壤全氮含量处于较低水平。具体分布情况见图 3-3。

从空间分布来看，巴林右旗土壤全氮平均含量最高，为 1.14g/kg，红山区和元宝山区土壤全氮平均含量最低，为 0.06g/kg，不同旗县区土壤全氮含量水平变化差异较大，针对不同区域要采取不同施肥措施稳定作物产量，逐步提高地力水平。各旗县区土壤全氮平均含量见图 3-4。

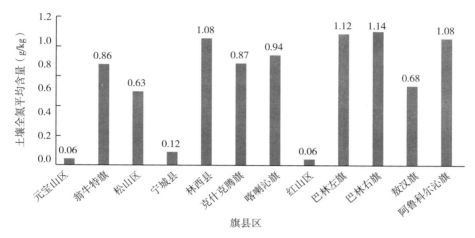

图 3-4　不同旗县区土壤全氮平均含量

三、耕地土壤有效磷含量现状

磷是作物生长发育必需的营养元素，土壤中磷的多少及有效程度对作物产量和品质至关重要，是土壤肥力的重要指标之一，而土壤有效磷是当季作物可从土壤中获取的主要磷养分资源。

通过检测删除异常值后，得出当前赤峰市土壤有效磷平均含量为 15.13mg/kg。

从分布频率来看：土壤有效磷含量小于 10mg/kg 的样点有 868 个，占总样点数的 43.50%；含量在 10～20mg/kg 的样点有 678 个，占总样点数的 34.00%；含量在 20～30mg/kg 的样点有 245 个，占总样点数的 12.30%；含量在 30～40mg/kg 的样点有 88 个，占总样点数的 4.40%；含量≥40mg/kg 的样点有 116 个，占总样点数的 5.80%。通过分析可以看出，赤峰市土壤有效磷含量小于 20mg/kg 的耕地占总耕地的 77.50%，且大部分小于 10mg/kg，全市土壤有效磷含量总体处于较低水平。具体分布频率见图3-5。

从空间分布来看，喀喇沁旗土壤有效磷平均含量最高，为 29.74mg/kg，巴林右旗土壤有效磷平均含量最低，为 7.67mg/kg，两者相差巨大，全市土壤有效磷平均含量跨度较大，应根据不同区域开展测土施肥，确保稳产高产。各旗县区土壤有效磷平均含量见图 3-6。

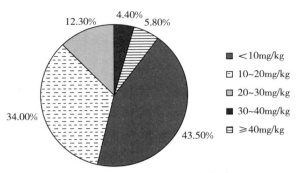

图 3-5　土壤有效磷含量分布频率

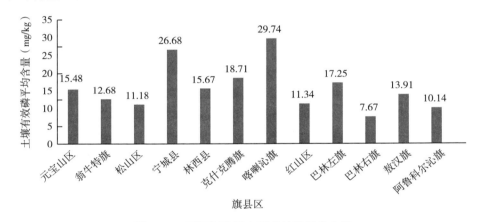

图 3-6　不同旗县区土壤有效磷平均含量

四、耕地土壤速效钾含量现状

钾是作物生长不可缺少的大量元素之一，土壤速效钾能在短期内被作物吸收利用。监测土壤速效钾含量的变化趋势对合理利用钾肥资源、提高钾肥施用效果具有重要意义。

通过检测可知当前赤峰市土壤速效钾平均含量为 161mg/kg。

从分布频率来看，土壤速效钾含量大部分大于 100mg/kg，占样点总数的 84.56%，其中：土壤速效钾含量小于 50mg/kg 的样点有 19 个，占样点总数的 0.95%；土壤速效钾含量在 50～100mg/kg 的样点有 289 个，占样点总数的 14.48%；土壤速效钾含量在 100～150mg/kg 的样点有 748 个，占样点总数的 37.47%；土壤速效钾含量在 150～200mg/kg 的有 502 个，占样点总数 25.15%；土壤速效钾含量 ≥200mg/kg 的有 438 个，占样点总数的 21.94%。通过分析可以看出全市土壤速效钾含量水平较高，土壤中钾元素比较充足。具体分布频率见图 3-7。

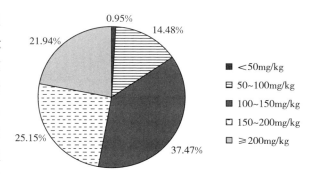

图 3-7　土壤速效钾含量分布频率

从空间分布来看，林西县土壤速效钾平均含量最高，为 247mg/kg，松山区土壤速效钾含量最低，为 118mg/kg，两者相差 129mg/kg，全市土壤速效钾含量跨度较大，应根据不同区域开展测土施肥，土壤速效钾含量较低地区应注意钾肥的补充。各旗县区土壤速效钾平均含量见图 3-8。

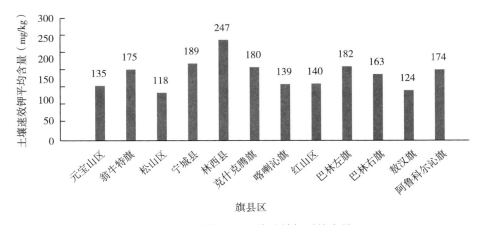

图 3-8　不同旗县区土壤速效钾平均含量

五、耕地土壤 pH 现状

土壤 pH（酸碱度）是土壤形成和熟化培肥过程中的一个重要指标。土壤 pH 对土壤养分存在的形态和有效性、土壤理化性质、微生物活动以及作物生长发育都有很大影响，土壤 pH 过高会使土壤盐渍化，过低又会使土壤酸化，都不利于作物的生长和发育。

通过检测得知当前赤峰市土壤pH的平均值为8.0，总体呈弱碱性。

从分布频率来看，赤峰市耕地土壤pH大多高于7.5，占总样点数的81.70%，土壤pH在6.5～7.5的样点有338个，占总样点数的16.90%；土壤pH＜6.5的样点有28个，占总样点数的1.40%。具体分布情况见图3-9。

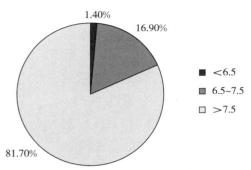

图3-9　土壤酸碱度分布频率

从空间分布上来看，阿鲁科尔沁旗土壤pH最高，为8.6，喀喇沁旗土壤pH最低，为6.9，两者相差1.7，全市土壤pH跨度较大。通过分析可以得出，除红山区和喀喇沁旗土壤pH平均值低于7.5外，其余各旗县区土壤pH均高于7.5，均呈弱碱性。各旗县区土壤pH的平均值见图3-10。

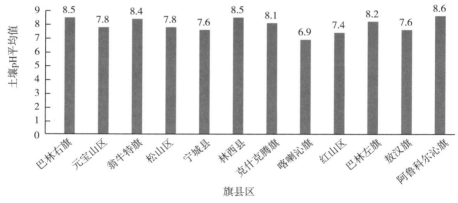

图3-10　不同旗县区土壤pH平均值

六、赤峰市耕地养分总体情况

通过监测数据可以发现赤峰市耕地养分总体上呈现北部各旗县区耕地养分平均含量高于南部各旗县区耕地养分平均含量，所以应更加注重对南部各旗县区耕地养分的补充，加大耕地质量建设力度，注重用地养地相结合，采取增施有机肥等措施逐步培肥土壤。

通过全年监测数据还可以发现，全市耕地养分含量总体偏低，有机质含量低于 10g/kg 的占 30.70％，全氮含量低于 0.5g/kg 的占 27.60％，有效磷含量低于 10mg/kg 的占 43.5％，速效钾含量低于 100mg/kg 的占 15.43％。土壤肥力较差，再加上重用轻养现象普遍，易造成耕地地力水平逐年下降。通过对比可以看出土壤磷缺乏现象明显，应重视对磷肥的施用。

通过测定土壤 pH 发现，赤峰市土壤普遍偏碱，如不注重科学施肥、养护，不仅易造成肥料利用率低、增加农民成本投入，还可能加重土壤盐碱化程度，降低耕地土壤质量。

第三节　赤峰市耕地存在的主要问题

一、综合生产能力低

赤峰市的农业生产受地理、气候和人为破坏生态环境的影响，多年处于自然灾害的袭击中。干旱是制约种植业的主要因素，它的特点一是范围广，赤峰市大多地区都属于干旱、半干旱地区，二是概率大，从新中国成立到现在经常发生旱灾，三是持续的时间长。另外，降雨大部分集中在 7—8 月，部分低洼易涝地由于排水工程不配套而产生内涝，导致作物减产。在丘陵和山区，连续的暴雨常引起洪水泛滥，农田被毁坏，作物绝收是常有的事。

大风是赤峰市又一主要自然灾害，它的特点是风速大，持续时间长，常造成耕地风蚀和农作物沙压的灾害。长期以来人们在不适合发展种植业的多风地区开垦土地，破坏植被引起土壤沙化、流沙迁移，致使沙化面积急剧增大。

二、耕地资源存在不合理利用因素

近年来，不少耕地不断增加物资投入，采取科学的高产栽培技术措施，充分利用光温水土资源，不断改良耕作土壤中的不良因素，提高了耕地利用率和生产力。同时有相当多的耕地已被建成高产稳产农田，大大提高了赤峰市耕地的综合生产能力。

但在现实农业生产中，耕地还存在许多非永续性因素：一是人增地减，人均占有耕地面积急剧减少；二是土壤本身障碍因素多、中低产田占比大；三是光温水土资源利用不充分，赤峰市农业属一年一熟，冬季大多数农田属于冬闲田；四是耕地缺乏营养元素，部分耕地重用轻养、利用过度，土壤中营养元素失衡，地力衰退；五是部分土地利用不合理，人们滥伐、滥垦森林和草场，灌溉管理不善，耕地退化。

三、综合协调机构和法律法规不健全，保护建设力度低

虽然国家先后颁布实施了《土地管理法》《农业法》《环境保护法》《基本农田保护条例》等保护耕地的法律法规，内蒙古自治区也出台了《内蒙古自治区耕地保养条例》。但这些法律法规自成体系，没有形成相互配套、相互衔接、相互补充的完整的土地保护法规体系与机制，而且现有的法律法规主要规范了对耕地数量的保护，而对耕地质量保护重视程度不够，而且耕地质量监测预警体系不健全。在环境保护上，对耕地面源污染和耕地质量下降问题重视程度不够，缺乏治理保护的具体规定和措施；在耕地保养上，内蒙古自治区仅有的一部《内蒙古自治区耕地保养条例》也因具体罚则欠缺或太轻且执法主体不明确而起不到保护保养作用；在机构设置上，由于没有耕地保护和治理的综合协调机构，国土、发改、水利、财政、农业等部门协调统一不够，难以形成合力，缺乏统一规划和布局，导致资金投入分散，而且资金总量较少，持续时间短，导致耕地保护和建设效果不是很明显。

第四节　赤峰市耕地质量保护与提升
总体思路和总体目标

一、总体思路

推进耕地质量保护和建设工作，全面提升农业综合生产能力，实现"藏粮于地、藏粮于技"的国家战略，以"创新、协调、绿色、开放、共享"新发展理念为统领，以耕地质量提升为目标，重点做好农田基础设施建设，把握耕地质量和耕地数量两个方向，从土、肥、水三方面着手，全力做好耕地质量监测体系建设，逐步提升耕地质量。

1. 坚持保护优先、用养结合

在严格保护耕地数量的同时，更加注重耕地质量的保护管理，推动各级政府落实"质量红线"要求，划定耕地质量保护的"硬杠杠"。形成"在保护中利用、在利用中建设、在建设中提升"的耕地保养的良性循环模式。

2. 坚持因地制宜、综合施策

根据不同区域耕地质量现状，分析主要障碍因素，集成组装配套的治理技术模式，因地制宜、综合施策，确保耕地质量保护与提升取得实效。

3. 坚持突出重点、示范先行

以当前耕地质量方面面临的最急迫、最关键、最薄弱的突出区域、突出问题为重点，着力解决制约耕地质量保护与提升的技术难题，探索总结可复制、可推广的成功模式，循序渐进地扩大示范推广范围，持之以恒推进耕地质量建设。

4. 坚持创新机制、建管并重

创新耕地质量保护与提升的运行机制，健全管理制度，建立耕地质量监测预警和信息化服务体系，提升监控与综合管理的能力。加强新技术、新模式、新机制的示范和推广，为耕地质量保护与提升注入新活力。

5. 坚持政府引导、多方参与

在发挥政府项目示范带动作用的同时，充分调动农民、地方政府和企业的积极性，积极营造多元化投资模式，努力形成推进耕地保护与质量提升的合力。

二、总体目标

通过开展实施耕地质量保护与提升工作，建立全市耕地质量监测预警和信息化服务体系，逐步改善耕地质量状况，有效遏制耕地土壤的水土流失、风蚀沙化、次生盐渍化、养分失衡、耕层变浅、白色污染等问题，逐步解决设施农业土壤质量退化问题，不断增加农民收入，不断改善生态环境，增强对农业可持续发展的支撑能力。

第五节　赤峰市耕地质量保护与提升建设体系与建设内容

一、建设耕地质量预警体系

1. 建设市级耕地质量监测预警区域服务站

成立专门的耕地质量监测预警机构，负责全市耕地质量监测预警及信息服务工作，在内蒙古自治区耕地质量预警和信息服务中心的指导下，加强市、县两级耕地质量预警和信息服务体系的建设。主要职责：①制定全市耕地质量体系的相关标准和监测指标体系；②负责监测全市耕地质量监督检测工作；③定期发布全市耕地质量动态信息工作；④提出耕地质量保护与提升相关的建议。

2. 建设旗县耕地质量监测点

在全市范围内建设 312 个监测点。建设内容包括：①耕地地力长期定位监测点田间基础设施，包括试验地的土地平整、沟渠完善、小区设置、不同处理监测小区的水泥板隔离、田间标志以及必要的灌、排田间设施等；②配置土壤墒情与旱情自动监测设备；③配置采样工具、制样设备、称量设备等；④配置相关的数据处理、存储、传输等设备。

建成的耕地质量监测点是耕地质量监测预警和信息化服务体系的基础和数据源，负责 10 个方面的监测业务，包括耕地数量动态监测、土壤墒情监测、耕地土壤肥力监测、土壤污染状况监测、耕地环境质量监测、耕地土壤退化监测、耕地养分调查、肥料区域试验、肥料肥效鉴定、养分资源和肥情监测。

二、耕地质量保护与提升实施建设内容

1. 做好坡耕地改造工程

主要技术措施：针对坡耕地无完善的水土保持措施、水土流失严重问题，大力修建水平梯田，配套相关农田基础设施。因地制宜实施"两改一排"工程，即改顺坡田为等高田或水平梯田、改自然漫流为筑沟导流，在坡地低洼易涝区修建条田化排水、截水排涝设施，改造低洼易涝耕地。

配套技术措施：秸秆还田、测土配方施肥、水肥一体化、增施有机肥。

2. 开展风蚀沙化耕地治理工程

主要技术措施：风蚀沙化地区干旱缺水、多风沙、土质松散、土壤结构差、漏水漏肥、土壤贫瘠，重点实施"两改一提"工程。"两改"改常规耕作为留高茬免耕（或少耕）覆盖保护性耕作、改顺风向种植为垂直风向种植，防止土壤风蚀沙化；"提"即提高植被覆盖率。通过建设农田防护林网、构建生物篱带、粮草轮作等措施增加风蚀沙化农田的植被覆盖率。

配套技术措施：秸秆还田、测土配方施肥、水肥一体化、增施有机肥。

3. 开展土壤肥力提升工程

主要技术措施：在土壤贫瘠为主要农业发展限制因素的地区通过增施有机肥、测土配方施肥逐步提高耕地质量。

配套技术措施：秸秆还田技术、水肥一体化技术、草田轮作技术。

4. 大力开展农田节水工程

主要技术措施：针对水资源匮乏、利用效率低的问题，通过实施节水灌溉技术提高灌溉水利用率和肥料利用率，在畦灌、漫灌区配备滴灌节水节肥设备，实施滴灌水肥一体化技术；对已建滴灌区进行滴灌成果巩固，开展滴灌带补贴，保证滴灌水肥一体化技术得到长期持续应用；进行厚地膜覆盖和全膜覆盖集雨保墒，提高自然降水的利用率和利用效益。水资源严重缺乏的地区，修建集雨蓄水窖（池），推广坐水播种和抗旱保苗技术。

配套技术措施：测土配方施肥技术、秸秆还田技术、增施有机肥。

5. 针对耕地土壤耕层浅、保水保肥能力差等问题，开展土壤耕层建设工作

主要技术措施：①增加耕层厚度。通过深耕深松打破犁底层，使耕作层达到 25～35cm，形成疏松深厚的耕作层。②培肥耕层土壤。因地制宜地开展"三建一还"工程，"三建"即在城郊肥源集中区和规模化畜禽养殖场周边建有机肥工厂、在畜禽养殖集中区建设有机肥生产车间、在畜禽分散养殖区建设小型有机肥堆沤场。"一还"即因地制宜地进行秸秆粉碎翻压还田、免耕秸秆覆盖还田，提高土壤肥力。

配套技术措施：测土配方施肥技术、水肥一体化技术、秸秆还田技术。

6. 针对土壤退化、污染的问题，开展土壤健康工程

主要技术措施：①化肥减量控污。在深化测土配方施肥技术服务的基础上，增施缓控释肥、水溶性肥、生物肥等新型肥料，改进施肥方式，优化施肥结构，提高化肥利用率，控制面源污染。②农药减量控污。集成推广农药残留微生物治理、农药减量使用、病虫害物理防治和生物防治技术，提高综合防治效果，有效减少化学农药用量。③白色（残膜）防控。加强残膜回收的力度和投入，对残膜回收环节给予适当补助，扶持残膜回收与资源化利用产业发展；加大可降解地膜的研发与试验示范力度，研发推广地膜替代技术。

配套技术措施：测土配方施肥技术、水肥一体化技术、秸秆还田技术、深耕深松技术。

7. 针对耕地土壤盐碱化严重的现象，大力开展盐碱化耕地改良工程

主要技术措施：①完善灌排系统，灌水洗盐，加强排水，降低地下水位。②通过农田整治、平整土地实现农田畦田化或条田化。③在完善灌排体系和农田规划的基础上，通过配套施用磷石膏（或脱硫石膏）等土壤改良剂、客土压盐等措施改良盐碱地。

配套技术措施：良种技术、增施有机肥技术、秸秆还田技术。

8. 针对设施农业的障碍因素，大力开展设施农业土壤修复工程

主要技术措施：①应用测土配方施肥技术减少化肥投入量。②应用绿色病虫草害防控技术减少农药使用量。③加强设施农业残膜回收力度，防止地膜污染。

配套技术：水肥一体化技术、增施有机肥技术。

三、耕地质量保护采取措施及建设成就

1. 基础设施建设投入不断增加

自 20 世纪 90 年代以来，国家和内蒙古自治区对赤峰市农业基础设施投资力度不断加大。先后开展了旱作农业工程、沃土工程、标准粮田建设工程、优质粮食产业工程、中低产田改造、"节水增粮工程""千亿斤* 粮食增产工程""千万亩节水灌溉工程"测土配方施肥项目、耕地保护与质量提升项目、黑土地保护工程等多项重大建设项目，赤峰市开展了"1571"工程、"3661"工程等，不断增加对农业基础设施建设的投入力度，农田基础设施建设较过去有了很大的提高。

2. 耕地质量保护的法律法规进一步健全，监管执行力度进一步加大

1992—1996 年内蒙古自治区制定了《耕地地力等级、中低产田类型划分及改良验收标准》（DB15/T44—1992）、《内蒙古东部旱作基本农田建设标准》（DB15/TZ—1996）等地方标准；1997 年内蒙古自治区人民政府根据国务院《基本农田保护条例》制定了《内蒙古自治区基本农田保护实施细则》；1998年 9 月，内蒙古自治区九届人大第五次会议通过并颁布实施了《内蒙古自治区耕地保养条例》，规定了耕地使用保护、耕地培肥改良、耕地保养保障措施、违反规定罚则等，明确提出了耕地使用者和涉农部门的责任和义务。

---

* 斤为非法定计量单位，1 斤＝0.5kg。

3. 技术储备和技术力量进一步增强

通过近年来一系列农业重点项目和重点工程建设储备了大量的实用农业技术，同时形成了一支在生态、农业、水利等方面开展技术集成创新的科研教学团队，能为各地培养输送大量的技术人才。特别是 2005 年以来，经过测土配方施肥技术的全面推广应用，赤峰市土肥机构和土肥技术人员力量进一步增强。一方面，人员数量得到了有效的补充，基础土肥技术人员补充比较多；另一方面，通过项目培训技术人员的素质得到不断的提高。

4. 加大监测力度，完善监测网络

耕地质量监测与评价是一项基础性、长期性的工作。为全面掌握赤峰市耕地质量状况和地力动态变化规律，同时规范和完善耕地质量监测工作，从 2016 年起按照《耕地质量调查监测与评价办法》和内蒙古自治区的部署，赤峰市开始建设国家级耕地质量监测点，目前全市共建设国家级监测点 6 个，分布在松山区、阿鲁科尔沁旗、巴林左旗、翁牛特旗、宁城县和敖汉旗 6 个主要产量大县（旗、区）。依托保护黑土地项目在松山区建设 17 个黑土地耕地质量综合监测点。2019 年按内蒙古自治区的要求部署加大了耕地质量监测网络体系建设，分 3 批在全市 12 个旗县区共建设 289 个自治区级监测点。目前建成并运行的长期定位监测点有 312 个，已初步形成了有一定规模的耕地质量监测网络体系，初步掌握了不同利用方式下耕地质量的变化特征与规律，这些长期定位监测点对于摸清赤峰市耕地质量底数和变化趋势具有重要作用。按照"监测点覆盖所有耕地土壤类型"的原则，综合考虑现有监测点的土壤类型、种植制度、产量水平、耕地环境状况和后期管理维护水平等因素，科学安排建设耕地质量监测点，确保监测点的代表性和连续性，尽量做到覆盖所有耕地土壤类型。监测点优先选择建在永久基本农田上，重点选择交通便利、代表性强的粮食生产功能区、重要农产品生产保护区。

每个监测点建设两个功能区，即耕地质量监测功能区和培肥改良试验监测功能区。其中：耕地质量监测功能区共设 5 个小区，即常年不施肥区（常年不施肥区设 1 个固定小区）、当季不施肥区（设 1 个小区）、当季不施肥轮换区（设 2 个备用轮换区，每年当季不施肥区不能与上季重复，3 年一轮回）、常规施肥区。培肥改良试验监测功能区：根据本区域确定的培肥改良技术措施，设计建设培肥改良试验监测区，至少 2 个小区。如：有机肥＋常规施肥区、秸秆还田＋常规施肥区，每个小区 0.5 亩以上，监测区面积共 5.0 亩。

旱地、水浇地小区间设置地埂，水稻田小区间用水泥或其他材料作隔离板，防止水、肥横向渗透，隔离板高 0.6～0.8m，厚 0.15m，埋深 0.3～0.5m，露出地面 0.3m。水浇地和水稻田要单灌单排；每个监测点四周要设置地埂和 1～2m 宽的保护行。

通过农户调查、田间观察、土壤剖面性状观察等，每个监测点填写监测点基本情况记载表、监测点土壤剖面性状记载表和基本情况汇总、作物产量汇总、施肥折纯量情况汇总、耕层厚度、土壤容重等信息。秋季收获后在每个监测点分区采集土壤混合样品，严格按照《测土配方施肥技术规程》中土壤样品采集方法和土壤样品晾晒方法进行取样和制作风干样品，每个处理留取 2kg 土壤样品，留取 1kg 装袋后由旗县区长期保存，留取 1kg 装袋后用于测试分析，测试分析方法见《耕地质量监测技术规程》。土壤样品袋用标准的布袋，袋内外都有标签，标签上注明采样地点、采样深度、采样时间、采样人、监测点统一编号、功能区、处理号及处理内容等信息。

对采集的土样进行分析化验，分别测定其 pH、有机质、全氮、碱解氮、有效磷、速效钾含量。探索适合本地的耕地质量提升措施。

建成的耕地质量监测点长期固定，任何单位和个人不得擅自变动监测点的位置，不得损坏监测点的设施及标志。

监测点各监测小区处理、田间管理、观察记载、调查取样等有专人负责，及时、客观记录相关信息，不随意减少调查、监测内容，确保数据的完整性、真实性和准确性。

各监测点设立统一规格的标识牌，具体规格见图 3-11 和图 3-12。

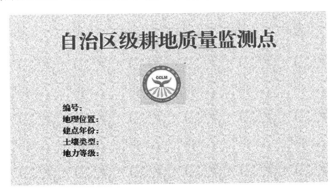

图 3-11　自治区级耕地质量监测点标牌正面

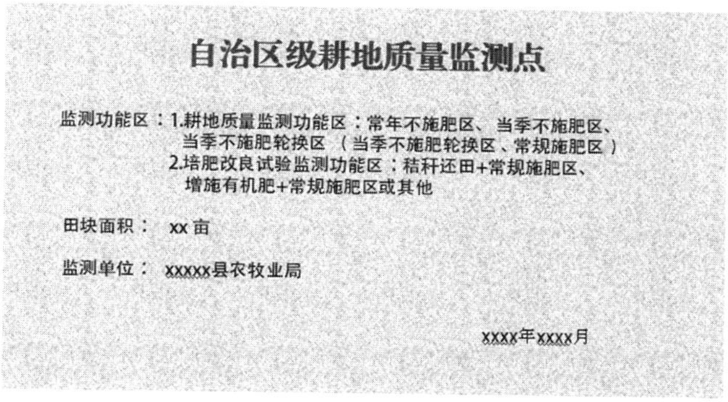

图 3-12　自治区级耕地质量监测点标牌背面

标牌材质为大理石，最小尺寸限制：标牌高 1 500mm（其中 500mm 埋在地下）、宽 800mm、厚 250mm。各地可以根据具体情况按照比例放大制作。

"自治区级耕地质量监测点"字样在上方居中，距上边缘 62.5mm，距左边缘 160mm，字体为方正粗宋简体，字号为 120，颜色为红色（RGB：255，0，0）。中国耕地质量监测标识位于"自治区级耕地质量监测点"字样下方 20mm 处，距左边缘 300mm。监测点信息"编号""地理位置""建点年份""土壤类型""地力等级"等字样自上而下等间距（15mm）排列；"编号"字样距上边缘 260mm，距左边缘 150mm。字体为方正大黑简体，字号为 50，颜色为黑色（RGB：0，0，0）。

编号：填写自治区级耕地质量监测点 9 位编码。前两位是省级行政区划代码，第三位、第四位是盟市行政区划代码，第五位、第六位是旗县行政区划代码，后三位是自治区级耕地质量监测点顺序号。

地理位置：填写监测点 GPS 定位信息，如东经 115°40′01″、北纬 40°25′01″。

建点年份：填写监测点建成年份，如 2019 年。

土壤类型：按内蒙古自治区第二次土壤普查时修正稿成果，依据《内蒙古土壤》填写土类、亚类、土属、土种名称。

地力等级：根据县域耕地地力评价成果填写。

监测功能区：介绍具体小区安排内容。

田块面积：填写实际面积。

监测单位：填写当地农业部门。

第六节　赤峰市耕地质量保护与提升
区域布局与建设重点

根据内蒙古的优势作物布局、气候条件、土壤类型、农业生产条件、耕作制度等，将内蒙古自治区分为七大生态类型区：大兴安岭西北高原丘陵区、大兴安岭东南浅山丘陵区、燕山北麓丘陵区、西辽河灌区、阴山北麓山地丘陵区、阴山南麓丘陵区、河套灌区。赤峰市主要处在燕山北麓丘陵区和西辽河灌区两个生态区域。林西县、巴林右旗、克什克腾旗、翁牛特旗、喀喇沁旗、宁城县、敖汉旗、阿鲁科尔沁旗、巴林左旗划归燕山北麓丘陵区；松山区、红山区、元宝山区划归西辽河灌区。针对不同生态类型区存在的耕地问题，有针对性地开展耕地质量保护与提升工作。重点采用以下改良措施：①在完善灌排系统的基础上，通过农田规划、平整土地、施用土壤改良剂、增施有机肥、秸秆还田等措施改良盐碱地，调节土壤酸碱度。②发展农田节水工程。结合高标准农田建设，发展滴灌、喷灌等节水灌溉，提高水资源利用率，并实现水肥一体化，提高肥料利用率，在弥补土壤养分不足的同时减少面源污染。③配套秸秆还田、增施有机肥、合理轮作、保护性耕作等措施逐步培肥土壤，提高耕地质量水平，最终实现"藏粮于地"的目标。

一、燕山北麓丘陵区

1. 耕地质量存在的问题

一是坡耕地面积大，水土流失严重；二是水资源紧缺，利用率低；三是农业投入相对较少，掠夺性生产较严重。旱地无完善的水土保持措施，导致天然降水和灌溉用水的利用率低，干旱缺水成为制约该地区农业可持续发展的主要因素之一。

2. 建设内容

（1）耕地质量监测预警和信息化服务体系

建设 1 个耕地质量监测预警和信息化服务区域站；建设耕地质量长期定位监测点 270 个，覆盖区域内栗钙土、棕壤、草甸土等主要耕地土壤类型。

（2）耕地质量保护与提升建设

在林西县、巴林右旗、克什克腾旗、翁牛特旗、喀喇沁旗、宁城县、敖汉旗、阿鲁科尔沁旗、巴林左旗的主要粮食功能区开展耕地质量保护与提升建设工作。重点实施七大工程。①坡耕地改造工程。土层厚度小于 50cm 的坡耕地，改顺坡田为等高田；土层厚度大于 50cm 的坡耕地，新建水平梯田；在原水平梯田破坏严重的地区，加固完善水平梯田建设。②耕层建设工程。通过购买服务或配置大型免耕播种机械和深松机械，在坡耕地上配套推广免耕秸秆覆盖还田技术；在平川地上通过购买服务或配置秸秆粉碎机械和深耕机械推广秸秆粉碎直接还田技术；修建户用型有机肥积造池和集中型有机肥堆沤场；建设大型配肥中心和小型智能化配肥站，在坡耕地改造和开展耕层建设的耕地上配套推广施用配方肥。③农田节水工程。在有条件的地区发展喷灌、滴灌等新型农业节水技术。④土壤健康工程。在坡耕地改造、耕层建设和农田节水工程的基础上，配套推广土壤健康工程。推广缓控释肥、水溶性肥、生物肥等新型肥料和化肥机械深施等调优施肥结构和施肥方式的化肥减量控污技术；集成推广农药残留微生物治理、农药减量使用、病虫害物理防治、病虫害生物防治等农药减量控污技术；推广使用高标准、易回收地膜和可降解地膜，加强残膜回收的力度和投入，控制地膜造成的白色污染。⑤设施农业土壤修复工程。在 5 年以上棚龄的大棚内开展设施农业土壤修复工程。⑥沙化耕地治理工程。针对翁牛特旗东部、敖汉旗西北部开展沙化耕地治理，进行秸秆还田。⑦在河流两岸开展盐碱化耕地改良治理。

二、西辽河灌区

1. 耕地质量存在的主要问题

①土壤贫瘠，该地区的 3 个区土壤有机质平均含量较低。②水资源缺乏是制约耕地质量和农田综合生产能力的重要因素。③中低产田占比大。④耕层变薄，生产能力降低。

2. 重点建设内容

（1）耕地质量监测预警和信息化服务体系建设

建设 42 个耕地质量长期定位监测点，覆盖 3 个区的主要耕地土壤类型。

（2）耕地质量建设

①耕层建设工程。建设深厚肥沃的耕层土壤。通过购买服务或配置免耕播种、秸秆粉碎、深耕深松等大中型机械推广免耕深松秸秆覆盖还田技术、秸秆直接粉碎翻压还田技术；修建户用型有机肥积造池和集中型有机肥堆沤

场，增施有机肥；在盐碱地改良、耕层建设的基础上，建设大型配肥中心和小型智能化配肥站。②农田节水工程。充分利用该区域水浇地面积大、以井灌为主的优势，发展建设滴灌、喷灌等节水灌溉，并实现水肥一体化。③土壤健康工程。在耕层建设和农田节水工程的基础上，配套推广土壤健康工程。大力推广缓控释肥、水溶性肥、生物肥等新型肥料和化肥机械深施等调优施肥结构和施肥方式的化肥减量控污技术；集成推广农药残留微生物治理、农药减量使用、病虫害物理防治、病虫害生物防治等农药减量控污技术；推广使用高标准、易回收地膜和可降解地膜，加强残膜回收的力度和投入，控制地膜造成的白色污染。④在松山区西部、元宝山区开展坡耕地改造工程。

4

第四章
赤峰市化肥减量增效工作开展情况

2015 年，农业部连续下发文件，为化肥"零增长"指明方向。2015 年 1 月 16 日，农业部制定并下发的《2015 年种植业工作要点》中提出，要实行化肥减量控害节本增效，推进测土配方施肥，推广新肥料新技术。2015 年 2 月 17 日，农业部发布《到 2020 年化肥使用量零增长行动方案》，提出在化肥方面，要大力推广测土配方施肥、机械化施肥等。

面对日益恶化的土壤耕地及环境质量，"减量增效"工作是实现"藏粮于技"的重要目标，成为发自每一位农技人最心底的声音。但是，"减肥"政策不能空喊口号，需要找准突破口。

从 2015 年开始，赤峰市紧紧围绕农业绿色高质量发展这一工作主线，以实现"藏粮于地、藏粮于技"和"经济施肥、环保施肥"为目标，以粮食生产功能区、重要农产品生产保护区和特色农产品优势区为重点，坚持问题导向，强化绿色引领，主攻质量效益，集成推广土壤改良培肥、有机替代无机、化减量增效等技术，逐步提升耕地质量，有效遏制不合理化肥投入，促进耕地资源永续利用和肥料资源的高效利用，加快形成农业绿色发展方式，为实现乡村振兴和决胜全面建成小康社会作出贡献。

第一节　赤峰市施肥现状及存在的问题

一、赤峰市施肥现状

通过对赤峰市各旗县区的各 100 户农户进行调查发现，全市有机肥投入不足、施用量偏少、普遍低于 1 000kg/亩，有机肥平均施用量 643kg/亩，有 56.1% 的农户不施用有机肥。特别是翁牛特旗东部、巴林右旗和阿鲁科尔沁旗北部地区。其根本原因在于不重视有机肥的积造和管理，造成有机肥资源的极大浪费，化肥施用品种搭配既不合理也不符合作物生长发育规律。

赤峰市氮磷二元复合肥施用占主流，因此氮、磷肥料施用偏多，这是目前土壤养分含量中磷养分比第二次全国土壤普查时增加的主要原因。全市12个旗县区氮肥施用户数占总调查户数的95.8%。其中以每亩 10~20kg 为主，占40.3%，但不同旗县区差别较大。在农业生产上，农牧民普遍施用磷肥，对磷肥的依赖程度很高。但不同旗县区施用现状有所不同，除克什克腾旗、林西县、巴林左旗不施磷肥农户占调查农户比例较大外，其余旗县区均比较重视磷肥的施用，施肥比例都超过了95%，说明农户对磷肥的施用比较重视，但施肥水平整体上还偏低。

最近几年三元复合肥施用量虽有增加，但氮、磷、钾比例不合理，钾肥施用不足，赤峰市各种作物钾肥的投入普遍较少，同时微量元素的缺乏还未被广大农牧民重视。目前在生产中提供钾的化肥主要是复混肥料（专用肥），还有部分氯化钾（K_2O，60%）和硫酸钾（K_2O，50%）。通过调查赤峰市12个旗县区农户钾化肥的施用情况，发现钾肥农户占总调查户数的40.8%，农户对钾在农业生产中的作用重视不够，而且钾肥施用水平比较低。不同旗县区钾肥施用现状及水平有所不同。钾肥施用水平主要集中在 0.2~3.0kg/亩范围内，占施钾肥农户的79.8%。

二、赤峰市施肥存在的问题

赤峰市的施肥方式较过去有了较大进步，特别是随着近几年机械化的快速发展，播种基本已实现机械化，所以基肥（种肥）大都能做到深施或侧深施，但有机肥和钾肥施用量还是普遍偏低，需要进一步提高施用量。还存在最大问题的是氮肥，作物生长中期的追肥仍以人力施入为主，而且施入后在地表裸露较多或裸露时间较长，造成氮肥的挥发和流失，是目前氮肥利用率低的主要原因，不仅造成浪费还对环境造成巨大威胁。

鉴于上述种种问题，建议今后在大力发展养殖业的同时，加大有机肥资源的利用和管理，改善和提高有机肥的积造方法，提高农田有机肥的投入，进一步提高土壤有机质含量。在化学肥料的施用方面，大力提倡测土配方施肥，做到按作物的生理特点合理搭配肥料品种，彻底改变过去施用"一黑（磷酸二铵）""一白（尿素）"两种肥料的做法，在大量施用有机肥的前提下，大、中、微肥结合。进一步改进施肥方法，特别是氮肥的施用方法，按作物的生长发育和需肥规律合理调节肥料用量和施肥时期，最大限度地减少肥料裸露，提高肥料的利用率。

第二节　赤峰市化肥减量增效工作技术路径

按照"精（精准施肥）""替（替代化肥）""调（调优施肥结构）""改（改进施肥方式）"的技术路径，集成农机农艺配套，有机无机融合，配方肥与水溶性肥料、缓控释肥料、中微量元素肥料互补的化肥减量增效技术模式进行大面积推广应用。

一、深化测土配方施肥服务，实现精准施肥减量

不断夯实测土配方施肥工作基础，整理取土测土、田间试验等数据录入测土配方施肥数据库，更新县域测土配方施肥专家系统，进一步完善主要粮食作物施肥指标体系和主要经济作物优化施肥方案，改进配方发布制度，加大农企合作力度，利用现代信息技术和电子商务平台深化测土配方施肥技术服务。

1. 取土测土

统筹考虑测土配方施肥工作的需要，组织开展样点布设和取土化验工作。于秋季作物收获后，严格按照《测土配方施肥技术规程》中的土壤样品采集方法采集化验土壤样品，并分析化验土壤 pH、有机质、全氮、有效磷、速效钾、缓效钾 6 项指标。

2. 田间试验

按照"统筹规划、区域设点、综合试验"的要求，针对当地施肥方面急需解决的突出问题，重点开展主要粮食作物化肥利用率、经济作物"2＋X"田间肥效、新型肥料肥效、中微量元素单因子肥效、有机替代无机的化肥用量和水肥一体化条件下的不同施肥品种、施肥时期、施肥量等试验，严格试验要求，提高试验质量。

3. 数据更新

将取土测土和田间试验结果及时录入数据库，更新县域测土配方施肥系统，不断完善施肥指标体系，修订施肥配方，并及时发布主要作物区域大配

方、配方肥需求数量和化肥利用率等信息。

4. 农企合作

根据近几年与企业合作的情况和配方肥推广应用基础，综合考虑企业的产供能力和服务能力，本着"双方自愿、优势互补、公平公正、择优推荐"的原则，确定配方肥供肥企业，并与合作企业共同确定各乡镇不同作物、不同比例的配方肥数量、供货时间、销售渠道等，并把推广任务落实到各行政村，通过订单生产、定点供应、定向服务模式，切实加大配方肥的推广力度。

在与企业合作推广"中成药"式配方肥的基础上，在每个旗县区建立1～2个智能配肥站点，通过市场化运作，完善"中成药代煎"的配方肥推广模式，为农民开展现场配肥服务。同时要根据当地实际情况，与相关企业合作建立液态氮肥"加肥站"，引导农民施用高效液态氮肥，改进施肥方式，提高氮肥利用率，减少氮肥用量，促进化肥施用量负增长目标的实现。

5. 示范推广

结合各旗县区实际，依托各自优势，因地制宜地探索测土配方施肥技术推广服务模式和工作机制。在技术服务方面，在组织技术人员广泛开展测土配方施肥技术指导服务的基础上，扶持一批社会化服务组织，本着农民自愿的原则，积极探索政府购买服务的有效模式，为农民提供统测、统配、统供、统施的"四统一"服务。在信息化服务方面，不断完善测土配方施肥专家咨询系统和耕地资源管理信息系统，依托12316农业信息服务平台、当地主要农业信息服务平台或通信平台，以耕地资源管理信息系统和专家施肥系统为支撑，开展测土配方施肥综合信息服务工作，采用农民听得懂的语音、看得懂的信息、收得到的方式指导农民选肥、用肥。在示范区建设方面，组织各旗县区依托专业合作社、种植大户、家庭农场等新型农业经营主体，开展以推进配方肥、新型肥料应用和施肥方式转变为重点的示范区建设。示范区要做到"四有"：有包片指导专家、有科技示范户、有对比示范田、有醒目标示牌。

二、推进新型肥料应用，实现调优结构减量

在内蒙古自治区农牧厅、内蒙古自治区工商行政管理局、内蒙古自治区

质量技术监督局、内蒙古广播电视台和内蒙古自治区土壤肥料学会联合开展的"新型肥料遴选荐优管控助农行动"的基础上，继续大力推广施用新型肥料，提高肥料利用率，减少化肥使用量，实现减肥增效的目标。

三、推广适期适法施肥，实现改进施肥方式减量

不断加大与农机部门的合作力度，引进和研制适合不同区域、不同作物的施肥机械，不断扩大化肥分期深施技术的应用面积，同时结合旱作农业技术推广项目，大力推广水肥一体化技术，实现改进施肥方式、提高化肥利用率、减少化肥用量的目的。

四、增施有机肥料，实现有机替代无机减量

重点依托果菜茶有机肥替代化肥、秸秆资源综合利用、畜禽粪污资源化利用等项目，大力推广有机肥、秸秆还田、种植绿肥等技术，通过增施有机肥、秸秆还田、种植绿肥还田实现有机替代无机、减少化肥增量。

1. 建立以增施农家有机肥为主的技术模式

优先选择大型养殖场、养殖大户等，建立有效合作机制，以畜禽粪便和作物秸秆为主要原料，主要采取平地堆沤方式、发酵槽堆沤方式等，堆沤高质量、无害化的有机肥料。在没有大型养殖场的区域，组织分散农户采取坑式堆沤方式堆沤有机肥料。在堆沤前要取样测试畜禽粪便的重金属、抗生素等有害成分，不达标的不能堆沤使用。

结合当地实际，确定不同作物有机肥的用量、施用方法等。在施用有机肥的基础上，结合近年来取土测土、田间试验等结果，完善不同作物施肥配方，确定化肥精准用量，指导农户科学施用化肥，发挥有机肥和化肥的互补优势；有滴灌条件的地块，在施用有机肥的基础上推广水肥一体化技术，提高水肥利用率。形成可复制、能推广的"农家有机肥＋配方肥"和"农家有机肥＋水肥一体化"的技术模式和运行机制。

2. 建立以增施商品有机肥为主的技术模式

在有机肥源不足的区域，采取物化补助的方式，支持农民施用商品有机肥、生物有机肥、菌肥。根据当地土壤的供肥能力、不同作物的需肥规律、施肥水平等，确定商品有机肥的亩施肥量、施肥时期、施肥方式以及配合施用化肥的用量和其他配套的田间管理措施，形成"商品有机肥＋配方肥"和

"商品有机肥＋水肥一体化"的技术模式和运行机制。

第三节 赤峰市化肥减量增效工作技术模式

依托秸秆综合利用、黑土地保护利用、耕地轮作、地膜减量和节水农业、畜禽粪便资源化利用等项目，以全市耕地质量方面和施肥方面存在的突出问题为导向，结合全市作物种类、土壤类型、耕作制度，因地制宜地推广一批农机农艺配套、有机无机融合、配方肥与水溶性肥料和缓控释肥料互补、大量元素肥料与中微量元素肥料结合的耕地质量建设和化肥减量增效技术模式。不同区域耕地质量建设和化肥减肥增效的主要技术措施如下。

一、燕山北麓丘陵区

该区域主要包括赤峰市阿鲁科尔沁旗、巴林左旗、巴林右旗、林西县、克什克腾旗、翁牛特旗、喀喇沁旗、宁城县、敖汉旗 9 个旗县区，以玉米、杂粮杂豆为主，近年来蔬菜发展速度较快。在干旱和土壤贫瘠的地区调减玉米种植面积，发展杂粮杂豆。在耕地质量建设方面重点推广以坡耕地改造为主的等高田及综合配套技术、以秸秆还田为主配合增施有机肥的土壤培肥技术、以滴灌为主的水肥一体化技术和以全膜覆盖为主的集雨保墒技术。在施用化肥方面，通过测土配方施肥技术，优化氮、磷、钾配比，促进大量元素与中微量元素配合，特别是在继续做好粮食作物测土配方施肥的同时，扩大在设施农业及蔬菜和其他经济作物上的应用；大力推广分期适量机械深追肥技术，示范推广水溶性肥、缓控释肥等新型肥料，促进肥料品种优化升级，提高肥料利用率，实现减肥增效的目标。

二、西辽河灌区

该区域主要包括赤峰市松山区、红山区、元宝山区，以种植玉米为主，是我国重要的玉米黄金带，也是全市化肥用量较大的地区之一。在耕地土壤沙化和盐渍化严重的地区：调减玉米种植面积，改种杂粮杂豆，推广玉米与杂粮杂豆轮作；充分利用丰富的玉米秸秆资源，大力推广玉米机械收获秸秆直接还田技术，提高秸秆养分还田率。同时，在盐碱土、风沙土分布区域通过施用石膏等土壤改良剂、增施有机肥、种植绿肥还田等措施，为化肥资源的高效利用创建一个肥沃的土壤环境条件。在施肥方面，遵循"减氮、控磷、稳钾"的原则，通过深化测土配方施肥技术推广，合理调整氮、磷、钾的用量及比例，在玉米上有针对性地施用锌肥，大力推广水肥一体化技术，示范推广缓控释肥料，不断优化施肥结构；在施肥方式上，按照"农艺农机融合、基肥追肥统筹"的原则，加快施肥机械研发，因地制宜推进化肥机械深追施技术，减少养分挥发和流失。

第四节 赤峰市化肥减量增效工作开展新趋势

根据农业农村部种植业管理司要求，化肥减量增效工作将逐步扩大"三新"技术示范推广。为贯彻落实好通知精神，赤峰市化肥减量增效工作将围绕大规模推广运用施肥新技术、肥料新产品和施用新机具，集成推广化肥减量增效"三新"技术模式开展。打造"三新"技术升级版，是深化测土配方施肥技术的新途径，是推进化肥减量增效工作的新手段。

一、总体思路

以保障国家粮食安全和重要农产品有效供给为底线，以绿色发展为引领，树立"高产、优质、经济、环保"施肥理念，围绕施肥新技术、肥料新产品和施用新机具，强化创新驱动和服务推动，集成推广化肥减量增效"三新"技术模式。依托种植大户、合作社、企业等新型经营主体，建立核心示范区，逐步构建现代科学施肥技术体系，持续推进测土配方施肥和化肥减量增效，为稳粮保供、绿色发展、乡村振兴提供有力支撑。

二、基本原则

坚持生产与生态统筹。统筹考虑作物增产与面源污染防控，坚持以产定肥、按需用肥，在保证作物养分供应的基础上，减少过量施肥和盲目施肥，推进生产生态协调发展，坚持减量与增效并重。聚焦新技术、新产品、新方式，加强集成创新推广，优化施肥结构、施肥位置和施肥时期，调整养分形态配比，注重中微量元素补充，提高肥料利用率，减少不合理施用；坚持有机与无机配合。在综合考虑作物养分需求和各地资源特点的基础上，统筹利用多元养分，替代部分化肥投入，引导农民种植绿肥、积造农家肥、施用微生物肥料等，与配方肥、专用肥、缓释肥等相结合施用，促进作物养分均衡；坚持公益性与经营性衔接。围绕扩大化肥减量增效技术推广面积和提升科学施肥技术水平双重目标，以公益性技术推广为主体，强化试验示范、技术指导和宣传培训，与经营性服务组织有机结合，提供统测、统配、统供、统施等社会化服务，助力提高农民科学施肥技术到位率。

三、"三新"具体内容

1. 新技术

（1）轻简化施肥技术

用现代化的施肥技术代替人工施肥操作，降低施肥过程中的劳动强度，简化施肥方式、减少施肥次数。

（2）高效营养诊断技术

根据作物外表形态的变化判断营养丰缺，高效营养诊断技术强调通过光谱、遥感、传感器等数字化手段精确获取作物生长状况数据，提高施肥指导的精准性、时效性。

（3）生态环境保护施肥技术

以保护生态环境为目标，基于施肥的环境效益优化施肥方案、提高化肥利用率、降低施肥损失、降低环境风险的施肥技术。

2. 新产品

推广应用缓释肥料、水溶肥料、微生物肥料、增效肥料和其他功能性肥料，准确匹配作物营养需求，提高养分吸收率。

3. 新方式

聚焦农机农艺融合配套，加强玉米种肥同播、小麦一次性机械深施、叶面喷施、水肥一体化等新方式的应用。

四、开展新趋势

1. "测土配方施肥＋叶面肥＋无人机施肥"模式

通过测土配方施肥技术，采用叶面肥、中微量元素肥等新型肥料和无人机喷施的施肥方式，促进作物生长，提高施肥效率和肥料利用率，实现减少化肥施用和增产增效的目标。

2."测土配方施肥＋水溶肥料＋水肥一体化"模式

扶持专业合作社、农业龙头企业、种植大户、家庭农场等新型经营主体通过测土配方施肥技术,采用水溶肥、有机水溶肥等新型肥料和水肥一体化的施肥方式,肥随水走、少量多次、分阶段拟合,促进作物生长,提高施肥效率和肥料利用率,实现减少化肥施用和增产增效的目标。

3."测土配方施肥＋生物有机肥＋机械深施"模式

通过测土配方施肥技术,采用增施生物有机肥等新型肥料和机械施肥的施肥方式,实现肥料深施、减少肥料流失,提高施肥效率和肥料利用率,减少化肥施用,减轻施肥强度和减少成本,促进节本增收。

4."测土配方施肥＋配方肥＋沼气液＋机械施用"模式

扶持专业合作社、农业龙头企业、种植大户、家庭农场等新型经营主体通过测土配方施肥技术,采用配方肥、沼气液和机械施用的"三新"施肥技术,提高施肥效率和肥料利用率,实现减少化肥施用和增产增效的目标。

5

第五章
深化测土配方　助推减肥增效

　　测土配方施肥技术推广是一项长期性、基础性、公益性的重要工作。从2005年春季开始在巴林左旗率先实行，到2009年赤峰市所有旗县区均先后开展了测土配方施肥，围绕"测土、配方、配肥、供肥、施肥指导"五个关键环节的工作，按照九项重点内容（田间试验、土壤测试、配方设计、校正试验、配方加工、示范推广、宣传培训、效果评价、技术创新）的技术规程开展各项工作，对促进农作物稳产增产、农民持续增收、生态环境不断改善起到了重要作用。测土配方施肥技术也是实现精准施肥的关键技术。

第一节　测土配方施肥基础知识

一、测土配方施肥的技术环节

　　测土配方施肥是以土壤测试和肥料田间试验为基础，根据作物需肥规律、土壤供肥特点和肥料效应，在合理施用有机肥的基础上提出氮、磷、钾和中量元素、微量元素等肥料的品种、数量、施肥时期和施肥方法。以充分满足作物对各种养分的需求，提高土壤肥力水平，减少养分流失和对环境的污染，从而达到高产、优质、高效的目的。测土配方施肥技术包括五个环节，即"测、配、产、供、施"。

　　测是指对土壤的有效养分含量的检测，掌握土壤速效氮、磷、钾和部分微量元素的含量及pH。

　　配是指利用作物田间肥效试验结果，提出确定不同作物所需肥料氮、磷、钾配方比例的方案。

产是指配方肥定点生产企业按照肥料配方比例方案要求，生产合格的配方肥料。

供是指配方肥销售供应到户到田。

施是指农户对配方肥的具体施用，包括测土配方施肥的技术培训、田间用肥技术指导和跟踪服务等。

二、测土配方施肥开展的必要性

不可否认，化肥对农业生产起到了极大的促进作用，已经成为农民不可缺少的重要生产资料。同时，一些施肥不合理现象越来越严重。①重化肥轻有机肥、重氮磷肥轻钾肥、重大量元素轻中微量元素。②表施、撒施、冲施现象较为普遍，浪费严重。③地区间、作物间施肥不平衡，一部分地区过量施肥现象严重。④肥料品种、数量的选择和搭配不合理。这些问题不仅导致化肥利用率低下、生产成本增加，还导致耕地地力下降、生产环境污染、农产品质量下降。因此，我们必须采取有力措施，迅速改变传统的施肥观念和方法。测土配方施肥就是为了解决上述弊端而提出来的最科学的施肥技术。

三、测土配方施肥遵循的原则

①有机与无机相结合。测土配方施肥必须以有机肥为基础。土壤有机质是反映土壤肥沃程度的重要指标，增施有机肥可以增加土壤有机质含量，改善土壤微生物的活性，促进化肥利用率的提高。因此，坚持多种形式的有机肥的投入才能够培肥地力，实现农业可持续发展。②大量、中量、微量元素配合。各种营养元素的配合是配方施肥的重要内容。随着产量的不断提高，在耕地高度集约利用的情况下，必须进一步强调氮、磷、钾肥的相互配合，并补充必要的中量、微量元素，才能获得高产稳产。③用地与养地相结合，投入与产出相平衡。要使作物-土壤-肥料形成物质和能量的良性循环，必须坚持用养结合、投入产出平衡，破坏或消耗了土壤的生产能力，就意味着降低了农业再生产的能力。

四、测土配方施肥技术的理论依据

测土配方施肥以养分归还（补偿）学说、最小养分律、同等重要律、不可代替律、肥料效应报酬递减律和因子综合作用律等为理论依据，以确定不同养分的施肥总量和配比为主要内容。为了补充发挥肥料的最大增产效益，施肥必须与选用良种、肥水管理、种植密度、耕作制度和气候变化等影响肥效的诸因素结合，形成一套完整的施肥技术体系。

1. 养分归还（补偿）学说

作物产量的形成有 40%～80% 的养分来自土壤，但不能把土壤当作一个取之不尽、用之不竭的"养分库"。为保证土壤有足够的养分供应容量和强度、保持土壤养分的供给与输入间的平衡，必须进行施肥。依靠施肥，可以把作物吸收的养分"归还"土壤，确保土壤肥力长期、持久、平衡。

2. 最小养分律

作物生长发育需要吸收各种养分，但严重影响作物生长、限制作物产量的是土壤中相对含量最低的养分因素，也就是最缺的那种养分（最小养分）。如果忽视这个最小养分，即使继续增加其他养分，作物产量也难以再提高。只有增加最小的养分的量，产量才能相应提高。经济合理的施肥方案是将作物所缺的各种养分同时按作物所需的比例相应提高。

3. 同等重要律

对农作物来讲，大量元素和微量元素是同样重要、缺一不可的。若缺少某一种微量元素，尽管它的需要量很少，但仍会影响某种生理功能而导致减产。如玉米缺锌导致植株矮小而出现白苗，水稻苗期缺锌造成僵苗，向日葵缺硼授精不良形成空壳等。所以微量元素与大量元素同等重要，不能因为需要量少而将其忽略。

4. 不可代替律

作物需要的各营养元素在作物体内都有一定功效，相互之间不能替代。缺少什么营养元素，就必须施用含有该元素的肥料进行补充。

5. 报酬递减律

从一定土地上得到的报酬随着向该土地投入的劳动和资本量的增大而有所增加，但达到一定水平后，随着投入的单位劳动和资本量的增加，报酬的增加却逐渐减少。当施肥量超过适量时，作物产量与施肥量之间的关系就不再是曲线模式，而呈抛物线模式了，单位施肥量的增产量会呈递减趋势。

6. 因子综合作用律

作物产量高低是影响作物生长发育的因子综合作用的结果，但其中必有一个起主导作用的限制因子，产量在一定程度上受该限制因子的制约。为了充分发挥肥料的增产作用和提高肥料的经济效益：一方面，施肥措施必须与其他农业技术措施密切配合，发挥生产体系的综合功能；另一方面，重视各种养分之间的配合作用。

五、测土配方施肥的主要内容

测土配方施肥技术包括"测土、配方、配肥、供肥、施肥指导"五大核心环节、九项重点内容：

1. 田间试验

田间试验是获得各种作物最佳施肥量、施肥时期、施肥方法的根本途径，也是筛选、验证土壤养分测试技术、建立施肥指标体系的基本环节。通过田间试验可掌握各个施肥单元不同作物优化施肥量，基肥、追肥分配比例，施肥时期和施肥方法，摸清土壤养分校正系数、土壤供肥量、农作物需肥参数和肥料利用率等基本参数，构建作物施肥模型，为施肥分区和肥料配方提供依据。

2. 土壤测试

土壤测试是制定肥料配方的重要依据之一。随着我国种植业结构的不断调整，高产作物不断涌现，施肥结构和数量发生了很大的变化，土壤养分库（土壤固有的养分含量）也发生了明显改变。只有通过开展土壤氮、磷、钾及中量、微量元素测试，了解和掌握土壤供肥能力状况，摸清家底，才能够准确计算施肥量，做到有的放矢。

3. 配方设计

肥料配方设计是测土配方施肥工作的核心。通过田间试验总结分析和土壤养分测试数据统计分析等工作，划分施肥分区；同时，根据气候、地貌、土壤、耕作制度等的相似性和差异性，结合专家经验，提出不同作物的施肥配方。

4. 校正试验

为保证肥料配方的准确性，最大限度地降低配方肥料批量生产和大面积应用的风险，在每个施肥分区单元设置配方施肥、农户习惯施肥、空白施肥 3 个处理，以当地主要作物及其主栽品种为研究对象，对比配方施肥的增产效果，校验施肥参数，验证并完善肥料配方，改进测土配方施肥技术参数。

5. 配方加工

将配方落实在农户田间是提高和普及测土配方施肥技术最关键的环节。目前不同地区有不同的模式，其中最主要的也是最具有市场前景的运作模式是市场化运作、工厂化加工、网络化经营。这种模式适应我国农村农民科技素质低、土地经营规模小、技物分离的现状。

6. 示范推广

为促进测土配方施肥技术落实到田间，既要解决测土配方施肥技术市场化运作的难题，又要让广大农民亲眼看到实际效果，这是测土配方施肥技术推广的瓶颈。建立测土配方施肥示范区为农民创建窗口、树立样板，全面展示测土配方施肥技术的效果，是推广前要做的工作。推广"一袋子肥"模式，将测土配方施肥技术物化成产品，也有利于打破技术推广"最后一公里"的"坚冰"。

7. 宣传培训

开展测土配方施肥技术宣传培训是提高农民科学施肥意识、普及测土配方施肥技术的重要手段。农民是测土配方施肥技术的最终使用者，迫切需要学习科学施肥的方法和模式。同时，还要加强对各级技术人员、肥料生产企业、肥料经销商的系统培训，逐步建立专业技术人员和肥料经销商持证上岗制度。

8. 效果评价

农民是测土配方施肥技术的最终执行者和落实者，也是最终受益者。检验测土配方施肥的实际效果，及时获得农民的反馈信息，不断完善管理体系、技术体系和服务体系。同时，为科学地评价测土配方施肥的实际效果，必须对一定的区域进行动态调查。

9. 技术创新

技术创新是测土配方施肥工作长效性的科技支撑。重点开展田间试验方法、土壤养分测试技术、肥料配制方法、数据处理方法等方面的创新研究工作，不断提升测土配方施肥技术水平。

六、配方肥料

配方肥料是指以土壤测试和田间试验为基础，根据作物需肥规律、土壤供肥性能和肥料效应，以各种单质化肥或复混肥料为原料，采用掺混或造粒工艺制成的适合特定区域、特定作物的肥料。

七、肥料选择原则

①缺什么补什么。②根据土壤选择肥料。③根据作物选择肥料。④根据肥料的性质选择肥料。⑤根据施肥方式和方法选择肥料。⑥根据气候条件选择肥料。

作物必需的 17 种营养元素的分组和它们在自然界的主要来源见图 5-1。

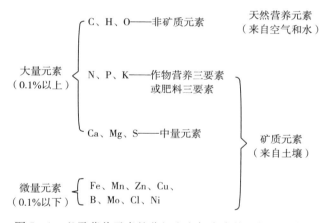

图 5-1　必需营养元素的分组和它们在自然界的主要来源

尽管作物必需的 17 种营养元素在作物体内含量悬殊，相差可达数倍、数百倍乃至数十万倍，但它们各自都有特殊作用，是同等重要、不可代替的。

土壤营养元素的供应能力是确定需要施何种肥料的主要依据。只有对土壤养分含量进行分析测定，明确其缺什么不缺什么，才能确定适宜的肥料品种。

不同作物遗传特性不同，对养分的吸收利用能力也有很大差别，在相同肥力的土壤上仍会有不同的表现。因此，在掌握土壤供肥能力的同时，还要根据作物的缺素症状判断作物所缺的营养元素种类，甚至还要进行植株营养的化学诊断，进一步确定施肥种类。

测土配方施肥是调节和解决农田土壤肥料供需矛盾的主要技术手段之一，可以有针对性地补充作物生长需要的营养元素，实现真正的缺啥补啥，既能满足作物生长需要，又能提高肥料利用率和减少肥料用量，同时提高作物产量、改善作物品质。

八、测土配方施肥配方制定的基本方法

按照定量施肥的不同依据，农业农村部将各地采用的配方施肥技术归纳为三大类型八种基本方法。

1. 地力分区（级）配方法

地力分区配方法是按生产条件、生产水平、土壤肥力、土壤类型等因素分区。在一个地区范围内，将土壤肥力、生产水平等因素基本类似的地区作为一个配方区。然后根据以往土壤测试资料和田间肥料试验结果等试验、研究资料，结合生产实践经验，较科学地确定每一配方区适宜的肥料种类、用量与比例。

地力分区配方法的优点是突破了经验施肥与盲目施肥的界限，针对性强，紧密结合当地生产实际。提出的肥料用量、比例及施肥措施等接近当地情况，易懂、易接受、易记住，便于推广。缺点是依赖经验判断的成分较大，适用于条件较差、测试能力弱的地区。

地力分区配方法又分成三种：

（1）按生产水平分区划片

目前农村特别是生产条件比较落后的边远地区，受经济条件和文化条件的限制，在生产水平与肥力水平上，存在着以县、乡、村为圆心向周围扩散分布的现象。也就是说，越靠近县城、村镇的地区土壤肥力、生产水平、经济实力越高；反之，离县城、村镇越远的地方，各方面条件越差。根据这种现象，对同一类地区，可划分高、中、低3种肥力水平，然后确定每种肥力水平下肥料的种类、用量、配比。

（2）按土壤类型分区划片

土壤类型不同，土壤的性质、肥力水平以及对作物的影响都是各不相同的。因此，在土壤类型较复杂的地区，可根据土壤普查资料，把周围地区相同土壤类型划成一个配方区，或在同一土类中，按产量水平、肥力水

平等再分成不同的配方区。在同一配方区内确定肥料的用量、比例及施肥技术等。

（3）按基础产量分区划片

基础产量就是指不施肥时的产量，又叫地力产量或空白产量。在一个不大的范围内，土壤类型、作物品种、气候条件、耕作栽培措施等都是基本相同而且是相对稳定的，因此基础产量的高低完全可以反映肥力水平的差异，基础产量要通过田间试验获得。将基础产量作为地力分区指标的方法，既有一定的科学性，又容易被群众接受，便于推广。

2. 目标产量配方法

这种方法以目标产量所需要养分量为基础、以土壤和肥料供给为原理，通过施肥以达到求与供的平衡，又有地力差减法和养分平衡法之分。其原理可写成以下简单公式：

目标产量所需养分量－土壤供应养分量＝应施肥料养分量

根据作物目标产量所需养分总量与土壤供肥量之差估算施肥量，计算公式：

$$施肥量 = \frac{目标产量所需养分总量－土壤供肥量}{肥料中养分含量×肥料当季利用率}$$

（1）地力差减法

地力即土壤肥力。用产量作为指标，把作物、土壤、肥料三者的关系图用产量表达，即目标产量＝土壤生产的产量＋肥料生产的产量，公式中土壤生产的产量是作物在不施任何肥料的情况下所得产量，即空白产量，它吸收的养分全部来自土壤，目标产量减去空白产量就是施肥后增加的产量，施肥量按照以下公式计算：

$$施肥量 = \frac{(目标产量－空白产量)×单位经济产量养分吸收量}{肥料中养分含量×肥料利用率}$$

1）目标产量

目标产量可以通过平均单产法和经验公式法来确定。

①平均单产法

以施肥区前3年平均单产和年递增率为基础确定目标产量，计算公式：

目标产量 ＝（1＋递增率）×前3年平均单产

一般粮食作物的递增率以 10%～15% 为宜，露地蔬菜一般为 20% 左右，设施蔬菜为 30％左右。

②经验公式法

先做田间试验，对不施任何肥料的空白区和最高产量区（或最经济产量区）的产量进行比较，在不同土壤肥力条件下，通过多点试验获得大量的成对产量数据。以空白产量为土壤肥力指标，并将 x 作为自变量，将最高产量（或最经济产量）作为因变量用 y 表示，求得一元一次方程的经验公式如下：

$$Y = a + bx$$

根据这一公式，只要知道某块田的空白产量（x），就可计算出该块田所获得的产量（y）作为当年这块田的目标产量。同理，在一定地域内只要取得一批空白产量（x）数据，就可按土壤肥力水平分级排队（可按高、中、低产分成若干组），求得相应的目标产量（y）。

2）空白产量

即在不施该种养分肥料的情况下，完全靠吸收土壤中该种养分所获得的产量。

3）肥料中养分含量

通常以肥料的养分标明量计算，对稳定性差、储存时间长的肥料需进行分析测定。

4）单位经济产量养分吸收量

作物单位经济产量养分吸收量是指作物每生产一单位（如 1kg、100kg、1 000kg）经济产量所吸收的养分。一般的计算方法：把地下部分的根茬及作物在生长过程中的枯枝、落叶、花瓣等归入留存在土壤及肥料流失量，只分别测定、计算地上部分的秸秆和经济产品及其荚壳所含的养分。其计算公式如下：

作物单位经济产量养分吸收量=（作物地上部分所含养分总量÷作物的经济产量）×应用单位

通过对正常成熟的农作物全株养分的化学分析，测定各种作物百千克经济产量所需养分量。主要作物单位产量养分吸收量平均值见表 5-1，但需要注意单位经济产量吸收养分量不是一个恒定的值，表 5-1 中的数据是通过大量试验示范得到的平均值，设计的配方必须经过验证才能大面积推广应用。

表 5-1　赤峰市主要作物单位经济产量养分吸收量平均值

作物	收获物	形成 100kg 经济产量所吸收的养分量（kg）		
		氮（N）	五氧化二磷（P_2O_5）	氧化钾（K_2O）
水稻	籽粒	2.25	1.10	2.70
冬小麦	籽粒	3.00	1.25	2.50
春小麦	籽粒	3.00	1.00	2.50
大麦	籽粒	2.70	0.90	2.20
玉米	籽粒	2.57	0.86	2.14
谷子	籽粒	2.50	1.25	1.75
高粱	籽粒	2.60	1.30	1.30
甘薯	鲜块根	0.35	0.18	0.55
马铃薯	鲜块根	0.50	0.20	1.06

5）肥料利用率

肥料利用率一般通过差减法来计算：利用施肥区作物吸收的养分量减去不施肥区农作物吸收的养分量，其差值为肥料供应的养分量，再除以所用肥料养分量就是肥料利用率。计算公式如下：

$$肥料利用率 = \frac{施肥区农作物吸收养分量 - 缺素区农作物吸收养分量}{肥料施用量 \times 肥料中养分含量} \times 100\%$$

肥料利用率受许多因素的影响，施肥量、作物、气候、土壤肥力、前茬作物、土壤水分、肥料品种等都会使肥料利用率发生变化。

（2）养分平衡法

养分平衡法是根据作物目标产量需肥量与土壤供肥量之差估算施肥量的方法，涉及目标产量、作物需肥量（目标产量×作物单位产量养分吸收量）、土壤供肥量（土壤测试值×0.15×有效养分校正系数）、肥料利用率和肥料中养分含量。先确定目标产量以及达到这个产量所需要的养分量，再计算作物除土壤所供给的养分外需要补充的养分量，最后确定施用多少肥料。

其计算公式为

$$施肥量 = \frac{作物单位产量养分吸收量 \times 目标产量 - 土壤测试值 \times 0.15 \times 有效养分校正系数}{肥料中养分含量 \times 肥料利用率}$$

式中：土壤测试值单位为 mg/kg，土壤重量按 150 000kg/亩计算。

该方法概念清楚，容易掌握。缺点是由于土壤具有缓冲性能，土壤养分是一个动态的变化值，任何土壤测定值都只能代表土壤养分的相对含量。因此，用土壤测试值乘以土壤重量计算出来的量显然不是土壤供肥的绝对量，还需要通过田间试验获得校正系数进行调整。校正系数的计算式如下：

$$校正系数 = \frac{缺素区作物地上部分吸收该元素量}{该元素土壤测定值 \times 0.15}$$

在多点试验的基础上，可建立土壤养分测定值（X）和养分校正系数（Y）之间的数学关系式，数学关系式可能多种多样，如指数函数式 $Y = a X^b$ 或对数函数式 $Y = a + b \ln X$，这样在实际生产应用中通过测土就可以计算出养分校正系数，非常方便。

3. 田间试验配方法

（1）肥料效应函数法

采用单因素、二因素或多因素的多水平回归设计进行布点试验，对不同处理得到的产量进行数理统计，求得产量与施肥量之间的肥料效应方程式。根据函数关系式可直观地看出不同元素肥料的不同增产效果以及各种肥料配合施用的联合效果。确定施肥上限和下限，计算出经济施肥量，作为实际施肥量的依据。这一方法的优点是能客观地反映肥料等因素的单一和综合效果，施肥精确度高，符合实际情况，缺点是地区局限性强，不同土壤、气候、耕作、品种等需布置多点不同试验。

该法应用数理统计或数学回归方法对肥料试验结果进行整理分析，建立作物产量与施肥量之间的模型，即施肥效应函数或肥料效应方程式。通过此方程式来计算最佳施肥量或最高产量施肥量。肥料效应方程的建立必须以田间试验为基础。

单因子多水平试验拟合的二次回归方程模型为

$$y = b_0 + b_1 x + b_2 x^2$$

二因子多水平试验拟合的效应模型为

$$y = b_0 + b_1 x_1 + b_2 x_2 + b_3 x_1^2 + b_4 x_2^2 + b_5 x_1 x_2$$

三因子多水平试验拟合的效应模型为

$$y = b_0 + b_1 x_1 + b_2 x_2 + b_3 x_3 + b_4 x_1^2 + b_5 x_2^2 +$$
$$b_6 x_3^2 + b_7 x_1 x_2 + b_8 x_2 x_3 + b_9 x_1 x_3$$

（2）氮、磷、钾比例法

通过田间试验得出氮、磷、钾的最适用量，然后计算出三者的比例关系。这样，确定了任意一种肥料的用量，就可按比例关系确定其他肥料的用量。

作物适宜的氮、磷（或氮、磷、钾）比例，可以通过在田间直接布置不同比例试验确定，但目前大多从肥料效应函数法中获得，设置多因素（二元、三元）多水平的回归设计，就可以同时得到肥料的适宜比例、用量等。

此法的优点是减少了工作量，易被群众掌握、推广普及方便，在土壤肥力水平较低，氮、磷肥施用量适中的情况下比较适用。缺点是施肥较粗放，在施肥中容易出现不按当地具体情况的"一刀切"现象。所以推广应用这一方法时，必须先做好田间试验，对不同土壤条件和不同作物相应地确定符合客观要求的肥料氮、磷、钾比例才能采用。

（3）养分丰缺指标法

利用土壤养分测定值和作物吸收养分之间存在的相关性（相关研究和校验研究），对于不同作物，通过田间试验对土壤测定值以一定的级差进行分等后，制成养分丰缺及应施肥数量检索表，待获得土壤测定值后就可以通过检测检索表上的数，按级确定肥料的施用量。

制定养分丰缺指标，首先要在 30 个以上不同土壤肥力水平，即不同土壤养分测得值的田块上安排试验，试验田除突出全肥区（NPK）和缺肥区（PK、NK、NP）处理外，其他条件必须相同。同时每个试点都要测定土壤速效养分的含量。收获后，用下列公式计算相对产量。

$$相对产量＝缺素区作物产量÷全肥区作物产量）×100\%$$

以土壤养分测定值为横坐标，以相对产量为纵坐标绘制相关曲线图。图中相对产量小于 50% 所对应的养分含量为极缺，50%～75% 为缺，75%～95% 为中，大于 95% 为丰。在应用中，通过分析某地土壤养分含量，即可确定该养分施用与否及施用量大小。

九、测土配方施肥取土方法

采用科学正确的土壤样品采集方法是检测土壤养分含量的根本保证。一般平原区 80～100 亩、丘陵山区 40～60 亩取一个有代表性的土样。具体方法是根据地块面积、形状确定采样路线，S 形、棋盘形或梅花形均匀设置 14 个取土点，在每点刮去上面浮土，先垂直下挖一个 20cm 深的立面，再垂直挖出一锹土，再在挖出的土中去掉上下接触铁的部分和两侧的土，取中间 10cm 宽、20cm 深长条形土装入纤维袋中，按此方法把 14 个点的土都取完装在一起，充分混合后倒在一块大一点的塑料布上，摊平整理成近似圆形或方形。在上面用手划一"十"字分成 4 份，去掉 3 份（即四分法），剩下的一份再重复上面的方法，直到最后剩下的土约 1kg，将其装到事先准备好的布袋里，在布袋上写好编号，再填写两个标签，一个装进布袋里，一个放在布袋口处，捆紧袋口即可。

十、测土配方施肥控肥增效原理

测土配方施肥是一项先进的科学技术，在生产中应用可以实现增产增效的作用。

1. 通过调肥增产增效

在不增加化肥的前提下，调整化肥 N、P_2O_5、K_2O 的比例，起到增产增效的作用。

2. 减肥增产增效

在一些经济发达地区和高产地区，由于农户缺乏科学施肥的知识和技术，往往以高肥换取高产，经济效益很低。通过测土配方施肥技术，适当减少某一肥料的用量，以取得增产或平产的效果，实现增效的目的。

第二节　测土配方施肥工作成效

一、加强基础性工作建设，厘清了全市土壤肥力现状及施肥状况

通过采集土壤样品，调查农户施肥情况，分析化验土壤有机质、pH 等养分状况，完成各类试验、示范工作，摸清了全市施肥现状和在施肥方面存在的主要问题，明确了耕地土壤养分现状及变化趋势，建立了赤峰市耕地资源管理信息系统和测土配方施肥项目数据库，并对全市耕地地力进行评价与分等定级，厘清了全市土壤基本情况。

二、建立完善了全市土壤养分丰缺指标

通过大量的土壤样品的采集、农户施肥情况的调查、土壤样品化验工作、田间试验，建立了赤峰市主栽作物养分丰缺指标（表 5 - 2）。

表 5－2 赤峰市主栽作物养分丰缺指标

作物		极低 （＜50％）	低 （50％～65％）	中 （65％～75％）	高 （75％～90％）	较高 （90％～95％）	极高 （＞95％）
玉米	土壤全氮 （g/kg）	＜0.27	0.27～0.49	0.49～0.73	0.73～1.35	1.35～1.65	＞1.65
	土壤有效磷 （mg/kg）	＜0.9	0.9～2.9	2.9～6.1	6.1～18.9	18.9～27.6	＞27.6
	土壤速效钾 （mg/kg）	＜27	27～51	51～78	78～147	147～181	＞181
水稻	土壤全氮 （g/kg）	＜0.33	0.33～0.83	0.83～1.56	1.56～4.00	4.00～5.47	＞5.47
	土壤有效磷 （mg/kg）	＜4.0	4.0～8.1	8.1～13.0	13.0～26.4	26.4～33.4	＞33.4
	土壤速效钾 （mg/kg）	＜31	31～53	53～77	77～132	132～159	＞159
谷子	土壤全氮 （g/kg）	＜0.33	0.33～0.50	0.50～0.67	0.67～1.02	1.02～1.17	＞1.17
	土壤有效磷 （mg/kg）	＜1.1	1.1～2.8	2.8～5.3	5.3～13.7	13.7～18.8	＞18.8
	土壤速效钾 （mg/kg）	＜24	24～42	42～61	61～106	106～128	＞128
大豆	土壤全氮 （g/kg）	＜0.31	0.31～0.58	0.58～0.89	0.89～1.68	1.68～2.08	＞2.08
	土壤有效磷 （mg/kg）	＜2.0	2.0～7.9	7.9～20.0	20.0～80.5	80.5～128.1	＞128.1
	土壤速效钾 （mg/kg）	＜41	41～67	67～94	94～153	153～180	＞180
向日葵	土壤全氮 （g/kg）	＜0.11	0.11～0.34	0.34～0.70	0.70～2.08	2.08～3.00	＞3.00
	土壤有效磷 （mg/kg）	＜3.8	3.8～5.3	5.3～6.5	6.5～9.0	9.0～10.1	＞10.1
	土壤速效钾 （mg/kg）	＜25	25～36	36～46	46～67	67～75	＞75

（续）

作物		极低 （＜50％）	低 （50％～65％）	中 （65％～75％）	高 （75％～90％）	较高 （90％～95％）	极高 （＞95％）
绿豆	土壤全氮 （g/kg）	＜0.89	0.89～1.04	1.04～1.15	1.15～1.35	1.35～1.42	＞1.42
	土壤有效磷 （mg/kg）	＜1.0	1.0～3.1	3.1～6.6	6.6～20.5	20.5～30.0	＞30.0
	土壤速效钾 （mg/kg）	＜51	51～105	105～172	172～356	356～454	＞454
甜菜	土壤全氮 （g/kg）	＜0.62	0.62～0.70	0.70～0.77	0.77～0.88	0.88～0.92	＞0.92
	土壤有效磷 （mg/kg）	＜10.0	10.0～12.4	12.4～14.3	14.3～17.8	17.8～19.1	＞19.1
	土壤速效钾 （mg/kg）	＜74	74～96	96～115	115～149	149～163	＞163
马铃薯	土壤全氮 （g/kg）	＜0.79	0.79～1.12	1.12～1.42	1.42～2.03	2.03～2.29	＞2.29
	土壤有效磷 （mg/kg）	＜5.1	5.1～12.5	12.5～22.7	22.7～55.5	55.5～74.7	＞74.7
	土壤速效钾 （mg/kg）	＜70	70～108	108～144	144～222	222～257	＞257

三、加大农企合作力度，强化配方肥推广应用

本着"大配方、小配肥"的原则，为市域内每种主栽作物设计制定一个肥料配方（大配方），大配方制定的基本原理是施肥配方能够满足60％以上的耕地土壤。同时结合各旗县区田间试验设计适合当地的肥料配方。

通过与市内外大型肥料生产企业合作，由肥料生产企业与各旗县区配方肥经销商签订配方肥销售合作协议，由经销商在各乡镇设立销售网点，销售供应配方肥给农户，同时开具三联单，销售方、农户、各旗县区土肥部门各执一联，以备查验或维权。由市、旗县区土肥部门负责提供肥料配方并监督企业按照配肥工艺流程完成加工生产，并组织协调配方肥供应、配方肥销售和农业技术指导，确保配方肥供应充足、肥料销售正当有序、农业技术指导

及时到位。

赤峰市大部分耕地土壤相对来说磷、钾比较丰富，而且早春低温不利于土壤中磷的分解与利用，同时考虑经济效益和旱作地区氮肥追施比较困难的问题，专家组讨论确定了玉米、水稻、谷子、大豆、向日葵、绿豆、甜菜和马铃薯的肥料大配方为 12 - 23 - 10、13 - 23 - 9、10 - 25 - 10、9 - 22 - 14、8 - 17 - 20、17 - 12 - 16、12 - 19 - 14、11 - 22 - 12。研制开发了针对当地土壤条件的玉米、马铃薯、谷子等主栽作物的配方肥。

通过土壤测试分析，对田间数据结果进行统计，根据全市各项目旗县区气候、地貌、土壤类型、作物品种、耕作制度等的差异性，合理划分了施肥类型区，按照不同地区不同的耕作施肥方式，建立了因地制宜的区域配方与农户配方相结合的配方体系，并且根据试验数量的不断增加而不断进行调整。通过这些技术成果的取得进一步提高科技在农业生产过程中的贡献率。

不同旗县区主要配方如下：

1. 巴林左旗（玉米配方）

总养分含量为 45%，N：P_2O_5：K_2O 为 13：24：8。

总养分含量为 50%，N：P_2O_5：K_2O 为 15：25：10。

总养分含量为 45%，N：P_2O_5：K_2O 为 15：22：8。

2. 松山区、敖汉旗

（1）玉米配方

总养分含量为 45%，N：P_2O_5：K_2O 为 12：23：10。

总养分含量为 40%，N：P_2O_5：K_2O 为 10：21：9。

总养分含量为 40%，N：P_2O_5：K_2O 为 20：14：6。

总养分含量为 40%，N：P_2O_5：K_2O 为 20：16：6（加锌）。

（2）谷子配方

总养分含量为 40%，N：P_2O_5：K_2O 为 17：16：7。

3. 喀喇沁旗、宁城县、阿鲁科尔沁旗、翁牛特旗

（1）玉米配方

总养分含量为 45%，N：P_2O_5：K_2O 为 15：22：8（加锌 2%）。

总养分含量为 40%，N：P_2O_5：K_2O 为 13：20：7（加锌 2%）。

总养分含量为 45%，N：P_2O_5：K_2O 为 15：20：10（加锌 3%）。

总养分含量为 45%，N：P_2O_5：K_2O 为 15：22：8（加锌 3%）。

总养分含量为 45%，N：P_2O_5：K_2O 为 17：18：10（加锌 3%）。

总养分含量为 45%，N：P_2O_5：K_2O 为 15：18：12（加锌 3%）。

总养分含量为 45%，N：P_2O_5：K_2O 为 15：18：12（加锌 3%）。

总养分含量为 48%，N：P_2O_5：K_2O 为 16：22：10（加锌 3%）。

总养分含量为 43%，N：P_2O_5：K_2O 为 13：22：8。

总养分含量为 45%，N：P_2O_5：K_2O 为 13：24：8。

总养分含量为 45%，N：P_2O_5：K_2O 为 14：21：10（加锌 3%）。

总养分含量为 45%，N：P_2O_5：K_2O 为 12：21：12（加锌 3%）。

基肥（磷酸二铵＋硫酸钾)＋追肥（尿素)。

（2）马铃薯配方

总养分含量为 45%，N：P_2O_5：K_2O 为 14：21：10。

总养分含量为 45%，N：P_2O_5：K_2O 为 21：16：8（一次性施肥)。

总养分含量为 45%，N：P_2O_5：K_2O 为 15：10：20。

（3）沙参配方

总养分含量为 40%，N：P_2O_5：K_2O 为 9：21：10（添加硼、锌、镁等微量元素)。

（4）谷子、高粱配方

总养分含量为 45%，N：P_2O_5：K_2O 为 16：18：6。

（5）绿豆配方

总养分含量为 40%，N：P_2O_5：K_2O 为 12：17：11。

总养分含量为 40%，N：P_2O_5：K_2O 为 12：16：12。

（6）水稻配方

总养分含量为 45%，N：P_2O_5：K_2O 为 12：22：11（加硅)。

总养分含量为 45%，N：P_2O_5：K_2O 为 12：25：8（加硅)。

基肥（磷酸二铵＋硫酸钾)＋追肥（尿素)＋硅。

（7）向日葵配方

总养分含量为 45%，N：P_2O_5：K_2O 为 9：24：12。

总养分含量为 45%，N：P_2O_5：K_2O 为 10：20：15。

基肥（磷酸二铵＋硫酸钾)＋追肥（尿素)。

四、改变农民传统施肥观念，提高农民科技种田素质

通过野外调查取样、田间肥效试验，用减肥增效的实例提高农民对测土

配方施肥的感性认识。通过配方施肥技术宣传、培训，进一步提高农民对测土配方施肥工作的理性认识。通过发放施肥建议卡，促使农民按建议卡进行施肥，从实践上提高了农民科技种田的素质。逐步改变农民传统的施肥观念，从"一黑二白"到应用配方肥，从随大流买肥到一家一户测土施肥。

五、完善各级服务体系，保障各项技术推广落实到位

提高了基层土肥推广体系人员的科技素质，武装了基层化验室，提高了科技人员指导农民科学施肥的能力。通过测土配方施肥工作的开展，调动了市、旗县区、乡镇乃至村的农业技术人员的积极性，各级农业技术人员相互配合、相互协调，有机地开展了工作。通过四级土肥技术服务网络，宣传普及了土肥技术知识，提高了农民科学施肥水平，同时由于测土配方施肥工作是一项较细、较烦琐的工作，在实际的工作中农业系统各个部门都给予了充分的支持，许多旗县区都是倾全系统之力开展测土配方施肥工作。因此，通过测土配方工作的开展也创新了农业技术推广服务的路子，确保各项新技术落实到位。

第三节　测土配方施肥推广模式及发展趋势

一、测土配方施肥推广模式

1. 有针对性地制作并发放施肥建议卡，推动配方肥进村入户

通过实施测土配方施肥，采集了大量的土壤样品，但采集再多的土壤样品也不可能密集到所有农户（农场）的所有地块都有样点分布，而指导农民科学施肥涉及每个农户（农场），要为所有农户（农场）发放施肥建议卡。因此，为确保为每个农户（农场）提出科学的施肥建议，在制作施肥建议卡时要采取以下两个步骤：一是为采样点农户制作建议卡；二是为与采样点相近农户制作建议卡。

（1）制作土壤养分分布图

利用县域耕地资源管理信息系统叠加形成的工作底图，建立了空间数据库，将每个采样点的经纬度和测试分析结果录入计算机，建立了土壤养分属性数据库，将空间数据库与属性数据库连接制作了各种养分的土壤养分点位图；应用空间插值法由点位图生成养分分布图，这样就明确了每块耕地的土

壤养分状况，可为每个地块研制施肥配方提供土壤养分的基础数据。

（2）计算施肥量，制订基础配方

为某一农户或某一地块填制施肥建议卡，首先确定农户地块的空间位置，查找地块的土壤氮、磷、钾含量，利用建立的土壤全氮、有效磷、速效钾与最佳施肥量的函数模型，计算不同作物的适宜施肥量，形成基础施肥推荐表。

（3）制作基础施肥建议卡

根据基础施肥推荐表制订农户推荐施肥方案。首先确定农户或地块的氮、磷、钾肥料养分的适宜施用量，然后确定相应的肥料组合和配比，再提出建议施肥方法，最后填制和发放配方施肥建议卡，指导农民合理施用配方肥或按方施肥。一般情况下制订两个方案，一个是利用磷酸二铵和尿素的方案，另一个是利用配方肥的方案。各方案推荐施肥中氮肥的 1/3 作基肥施入、2/3 作追肥施入，全部的磷肥和钾肥作基肥施入。

（4）施肥建议卡主要内容

1）农户或地块基本情况

包括姓名，所属镇（办事处）、村（管委会），地块位置，土壤养分含量（测试分析数据）等。

2）推荐施肥量及肥料配比

根据土壤养分测试值、作物种类、施肥模型、施肥指标、目标产量和肥料特性等，确定氮、磷、钾等大量元素肥料的施用量、施用比例及相应施肥配方。

3）有机肥合理施用

赤峰市大田作物有机肥施用百分率较低，而在蔬菜及经济作物上施用百分率较高。不同作物之间施肥极不平衡，多数农民对有机肥施用认识不足。因此，提倡进行秸秆还田，有机肥和化肥结合施用。

4）施肥时期和施肥方法的确定

1/3 的氮肥和全部的磷肥和钾肥在播种时作基肥一次性施入，2/3 的氮肥作追肥进行追施。施肥提倡侧深施，与苗分垄施肥，防止烧苗，深施8～10cm。

（5）施肥建议卡的发放

使测土配方施肥技术便于农民应用，是实施测土配方施肥技术的最终目的。使用施肥建议卡基本上可以达到这一目的。施肥建议卡主要采取以下 5

种发放方式：一是重点发放。由专业技术人员深入采样调查的农户、科技示范户、种粮大户家中填写发放，这些农户入户发放率达到100％；二是集中发放。对于经济较发达、科学种田水平较高、农民应用测土配方施肥技术积极性较高的粮食主产区的部分村、农民专业协会组织，由村委会或协会负责将农户集中在一起，由专业技术人员负责当场填写发放；三是利用各级各类会议发放；四是利用集贸市场出动宣传车宣传发放；五是与农民培训、良种补贴等项目结合，多途径发放施肥建议卡。若还有遗漏，则由各级专业技术人员在限定时间内发放完毕，保证发放率达到95％以上。

2. 开展"三级联创"技术服务，提高科技服务水平

组织市级、县级、乡级技术团队开展三级联创蹲点服务活动，结合各旗县区发展实际，引进、推广先进农业技术，加大农业科技推广力度，推进农业发展方式转变，以提高水资源利用率、降低化肥施用量和改善农业生态环境为目标，促进粮食增产、农业增效和农民增收。

三级联创技术服务组为了切实把工作落到实处，租住在农民家中，与当地农民同吃同住同劳动，认真听取农民意见，了解农民的需求，宣传农业发展政策，培训先进技术，现场指导农业生产，受到了当地农民的欢迎和高度评价，得到了农民的认可。

3. 依托地拓智慧农业平台，开展测土配方施肥建议手机智能查询服务

与内蒙古地拓农业科技有限公司等农业科技企业合作，利用其农业大数据平台，开展测土配方施肥手机服务工作。

该系统将地拓地理信息作为后台核心技术，将耕地分成90m×90m的网格，每个网格上都有一组积温、降水量、无霜期、地形地貌、光照等地理数据。把测土配方数据库连接后，所有90m×90m网格的耕地都可以通过手机查到土壤养分、推荐施肥、积温、降水量、无霜期、地形地貌、光照等数据信息。

农民只需要通过手机客户端注册地块，将惠农卡与地块信息绑定，就会找到相应作物各阶段的技术指导，包括该地块养分数据、推荐施肥、种植技术等信息，按指导选肥、用肥，还可以直接与技术发布人员联系获取更多技术指导。目前，全市所有农业科技人员及部分科技示范户、种植大户的手机服务软件已安装，用户可通过登录手机软件随时查询所在地块的土壤养分状况、玉米等作物的施肥建议及各种农业技术。

4. 依托新型农业经营主体，创建科学施肥示范工程

当前，新型农业经营主体日渐成为农业产业发展的生力军，为顺应这一变化，进一步转变服务方式，优化服务质量，提升服务水平，充分发挥新型农业经营主体在科学施肥方面的示范引领作用，示范区在建设管理上充分依托农村专业合作社，实现项目区建设的十个统一，即统一技术方案、统一技术培训、统一机械整地、统一农资供应、统一机械播种、统一配方施肥、统一田间管理、统一病虫害防治、统一机械收获、统一秸秆还田。合作社在参与项目建设的同时掌握了新技术，提高了对农业技术的掌握能力和应用能力，加快了农业技术的推广，促进了农业的持续、健康、稳定发展。从而最终形成了以农技推广部门为主导，以农村新型农业经营主体为载体，以广大农民为服务对象的农业技术推广模式，既可保证新技术的有效性和到位率，又大大地提高了技术推广的速度。

二、测土配方施肥发展趋势

测土配方施肥是实现精准施肥、减肥增效的有效手段，通过测土、配肥可以有效减少多余养分的施入、流失，在减少肥料浪费的同时，保障作物产量水平。但由于测土配方施肥的技术环节较多，每项工作的专业性较强，且需要互相配合才能收到最好的效果，任何一个环节出现问题都难以收到最佳效果，同时农户的地块又较分散，每家每户存在一定差别，农民直接应用测土配方施肥技术有一定的困难。所以测土配方施肥技术的发展趋势必然是实现智能化和便易化。

1. 智能化

随着智能手机、无人机、土壤自动监测设备、作物快速诊断设备的研发及普及，测土配方施肥技术必然要与之相匹配，通过联网大数据，实现用手机快速查看地块基本情况、作物缺素状况，并根据相关数据开出特定配方。通过无人机实现快速便捷施肥，达到精准施肥的目的。

2. 便易化

当前生产的配方肥还是以区域大配方为主，虽然具有一定的适配性，但相对于一家一户的地块还是存在一定的差异，必然向更加针对性和便易性发展，小型配肥站和液体加肥站必然会逐步进村入户，按方为每家每户提供相应的配方肥，真正做到每家每户精准施肥。

第四节　植物的主要养分营养诊断

植物营养供应不足或过多时会营养失调。在严重缺乏某种元素或某种元素过量时，植物外部表现出的一定的症状称为缺素症。对这些可见的症状进行诊断，一般称为形态诊断或目视诊断。这是最简单和生产上最常用的诊断方法。

根据叶片形态变化来诊断缺素症一般有三个着眼点，即叶片大小和形状、失绿部位、颜色和反差。

一、植物的氮营养诊断

植株缺氮时表现为生长受阻、植株矮小、叶色变黄。先从老叶开始，逐渐扩展到上部幼叶。禾本科植物缺氮植株茎秆细长、分蘖少、叶直立、根细长。老叶从叶尖端沿中脉向叶片基部枯黄，枯黄区呈倒 V 形。禾本科穗小、穗粒少、秕粒多、早衰、根冠比增加。

植物氮过多的症状：植物枝叶茂盛，群体过大，通风透光不好，碳水化合物消耗太多，细胞壁薄，植株柔软，茎秆细弱，机械强度小，易受机械损伤（倒伏）和病害侵袭（大麦褐锈病、小麦赤霉病、水稻褐斑病）；大量施用氮肥会降低果蔬品质和耐贮存性，使瓜果的含糖量降低、风味差、不耐贮藏、品质低；纤维作物产量减少，纤维品质降低，使棉花蕾铃稀少易脱落，甜菜块根产糖率下降，叶菜类植物中硝酸盐含量高、危害健康，叶菜贪青晚熟，叶菜结实率下降，产量降低；氮过量会加重缺钾。

1. 水稻缺氮症状

水稻缺氮植株矮小、直立、分蘖少。叶片小、呈黄绿色，从叶尖至中脉发展到全部叶片，下部叶片首先发黄焦枯。田间群体颜色褪淡，下部叶黄枯，绿叶少。

2. 玉米缺氮症状

玉米缺氮植株矮瘦，叶色黄绿，生长缓慢。随着缺氮继续加重，从基部的老叶开始，叶尖发黄，逐渐沿中脉扩展呈倒 V 形，叶脉发红，叶片中心较边缘部分先变黄，中部叶片淡绿。当黄色扩展到叶鞘时，叶鞘会变成红色，不久整个叶片变成黄褐色而死亡。

3. 棉花缺氮症状

棉花缺氮植株矮小，下部老叶黄色，叶脉发红，中部叶从叶缘开始褪色，叶片薄而小。生长缓慢，现蕾少，单株成铃也少。生育后期极易封顶早衰。

4. 苹果树缺氮症状

苹果树缺氮新生叶片小而薄，呈淡绿色或紫色，较老叶片为橙色、红色或紫色，叶片易早脱落。

5. 苹果树氮过多症状

苹果树氮过多，叶色墨绿，叶片大而皱。

6. 番茄氮过多症状

番茄氮过多会出现亚硝酸和氨气危害。亚硝酸危害的主要部位是叶片。急性危害使番茄产生许多白色坏死斑点。慢性危害从叶尖和叶缘开始黄化，逐渐向叶中间发展，受害部位发白干枯。氨气易使植株幼叶和花受害。叶片受害最初呈水烫状，后变褐干枯。花受害花萼和花瓣呈水渍状，后变成黑褐色干枯，严重时叶片全部枯死。

7. 黄瓜氮过多症状

黄瓜氮过多诱发缺镁，引起黄瓜叶肉小斑点褪绿。氮过多，受害叶及老叶萎蔫、下垂、无生气，接着，下部叶片黄化、出现褐斑。果实小。氮过多时，植株在数日内枯萎。氮肥突然过量，容易出现苦味瓜。施用氮肥过量造成营养生长过旺秧，苗期氮害产生生理变异株。施入碳酸氢铵、尿素过量引起氨害灼焦叶。

二、植物的磷营养诊断

植物缺磷后生长受到抑制，生长迟缓、矮小、瘦弱、直立，根系不发达，成熟期延迟，籽实细小。ATP、核酸、蛋白质合成受阻，细胞不能正常分裂与增殖，光合作用、呼吸作用不能进行。影响糖类物质的代谢与运转。

植物磷过多会造成植物呼吸过旺、碳水化合物消耗过多（无效分蘖和空粒、秕粒增加），使叶用蔬菜的纤维素含量增加、烟草的燃烧性变差，使植物叶片肥厚而密集、叶色浓绿，使植株矮小、节间过短，出现生长明显受抑制的症状，繁殖器官常因磷肥过量而加速成熟进程（早花、过早成熟），并由此导致营养体小、茎叶生长受抑制，产量也会降低。地上部与根系生长比例失调，在地上部生长受抑制的同时，根系非常发达，根量极多而粗短。同时，磷过多可能引起植株的养分不平衡，如导致锌、铁、镁等元素缺乏。

1. 水稻缺磷症状

水稻缺磷，稻苗生长迟缓不封行，稻丛茎部暗紫色。根系发育不良，生育期延长，瘪粒增多。植株矮小，不分蘖或分蘖少。茎部紧束，叶片直立，细窄，叶色暗绿，老叶焦枯，迟迟不抽新叶，俗称"僵苗"。

2. 玉米缺磷症状

玉米缺磷，苗期叶间和叶缘出现紫红色，幼嫩植株尤为严重。茎秆细小，生长缓慢。随着玉米的生长，下部叶片由紫红色变成黄色。缺磷植株瘦小，茎叶大多呈现紫红色，叶尖枯萎呈褐色，花丝抽出迟，结实率低。

3. 小麦缺磷症状

在缺磷条件下，小麦短期内表现为地上部受抑制，而根系生长增强，根冠比增加。但如果缺磷时间延长到一定程度，则全株营养体变小，根系也变小。

小麦缺磷植株细小，叶色暗绿或略带紫色，无光泽，分蘖少。前期生长缓慢，出现缩苗，茎基部呈紫红色，叶鞘上紫色较明显。老叶尖端先干枯，然后扩展到叶片基部。茎矮小纤细，抽穗和成熟较迟，穗小，粒少。严重缺磷时小麦旗叶易染上叶锈病。

4. 大豆缺磷症状

大豆缺磷先在下部老叶上表现出症状，以后扩展到上部叶片。茎有时红至紫色。根部根瘤发育不良，根瘤小而且数量少。生长缓慢、植株矮小，开花成熟期均延迟。结荚少，籽粒细小。缺磷使大豆体内碳水化合物代谢受阻、糖分积累，呈紫红色。

5. 向日葵缺磷症状

向日葵缺磷植株生长矮小，下部叶片变窄，呈青绿色或紫色，幼芽和幼根生长不良，着花数减少，开花结实期延迟。

6. 烟草缺磷症状

烟草苗期缺磷时烟叶变小，无光泽。移栽后生长非常缓慢，茎秆细小，叶片比正常叶片狭窄上竖，颜色暗绿。植株茎节缩短，上部叶片呈簇生状。

严重缺磷时，下部叶片出现白色小斑点，以后变为棕褐色坏死斑块。成熟期延迟。

7. 黄瓜缺磷症状

黄瓜缺磷植株生长受阻，幼叶变小，质硬，呈暗翡翠绿色。受害叶褪色，斑点变褐色，脱水，除叶柄外全株萎缩，而叶柄可在一定时间内仍保持膨满。

8. 菜花缺磷症状

菜花缺磷叶尖及边缘叶脉失绿黄化，花球不紧实，并有黄褐色。

9. 苹果树缺磷症状

苹果树缺磷叶柄及叶背部叶脉呈紫红色，叶柄与枝条呈锐角。叶片小，叶色暗淡、呈紫色或青铜色。

10. 梨树缺磷症状

梨树缺磷新叶暗绿色，老叶青铜色，靠近叶缘的叶面上出现紫褐色斑点或斑块。

11. 葡萄缺磷症状

葡萄缺磷叶片变小，叶色浓绿，叶缘下垂，但不卷曲。严重时叶片失绿黄化，叶缘较重，边缘紫红色。

三、植物的钾营养诊断

钾不仅是植物生长发育所必需的营养元素，还是肥料三要素之一。许多植物需钾量都很大，就矿质营养元素而言，它在植物体内的含量仅次于氮。农业生产实践证明，施用钾肥对提高植物产量和改进植物品质均有明显的作用。钾可以提高产品的营养成分，延长产品的贮存期，使植物耐搬运和运输。对于蔬菜和水果类，钾能改善产品的外观，使色泽更鲜艳、汁液含糖量增加。

近 20 年来，在我国的南北方都有植物缺钾现象出现。因此，钾营养也引起了人们的重视。

钾在植物体内流动性很强，缺钾症状通常在植物生长发育的中后期才表现出来。严重缺钾时，植株下部叶片首先出现症状：双子叶植物叶脉间先失绿，沿叶缘开始出现黄化或有褐色的条纹或斑点，并逐渐向叶脉间蔓延，最后发展为坏死组织；单子叶植物叶尖先黄化，随后逐渐坏死。植株组织中出现细胞解体，死细胞增多；根系生长不良，易出现根腐病；组织柔弱易倒伏；气孔开闭失调，抗旱能力下降。供氮过量而供钾不足，双子叶植物叶片常出现叶脉紧缩而脉间凹凸不平的现象。过量施用钾肥的后果：破坏养分平衡，造成品质下降；植物奢侈吸收，导致浪费。

1. 水稻缺钾症状

水稻缺钾老叶披散，心叶挺直。中下部老叶沿叶缘叶尖焦枯，并逐渐扩展呈 V 形，分蘖期后，老叶上有棕褐色斑点。缺钾加速下部老叶衰老，使老叶死亡率提高。分蘖前期缺钾易患胡麻叶斑病或赤枯病。

2. 小麦缺钾症状

小麦缺钾植株矮小，老叶叶尖及边缘逐渐黄枯，继而坏死。褪绿区逐渐向叶基部扩展，由于沿叶缘褪绿区向下移动比沿中脉快，中脉附近叶组织保持的绿色呈箭头状。

3. 玉米缺钾症状

玉米缺钾植株生长缓慢，节间变短，容易倒伏和遭受病虫害侵袭。下部老叶叶尖黄化，叶缘焦枯，并逐渐向整个叶片的脉间区扩展，沿叶脉产生棕色条纹，并逐渐坏死。植株矮小软弱，支撑根少。果穗发育不良或出现秃顶，籽粒不饱满。

4. 大豆缺钾症状

大豆结荚成熟后，植株仍保持绿色，是缺钾的典型症状。成熟期出现"绿茎"和残留绿叶。轻度缺钾，下部叶片叶尖和边缘先失绿黄化，并逐渐向内发展。叶片中间出现黄色斑块，并逐渐向边缘发展，叶脉间凸起、皱缩，叶片前端向下卷曲。茎和叶柄细，叶片边缘及叶脉间失绿，有时呈鱼骨状，严重缺钾时，叶缘坏死，叶脉间开裂，最终叶片脱落。缺钾时大豆形成单性果。在土壤酸度大和雨量大的地区，没有成熟的荚果开裂，造成大豆种子发芽和坏死。种子不饱满，种皮皱缩。

5. 油菜缺钾症状

油菜缺钾植株矮小。最初叶片显暗绿色，叶缘开始向下卷曲，在干热天气更甚。缺钾严重时，叶部外缘出现带白色的黄斑，老叶在成熟前干枯。荚果瘦小，产量降低。

6. 棉花缺钾症状

棉花缺钾先在老叶上出现黄白色斑点，由叶缘和叶尖向内沿脉间失绿变褐黄色以至焦枯，并向下卷曲呈鸡爪形。叶面上有锈褐色坏死组织，称为棉锈病。严重缺钾时上部叶片像铁锈，呈棕红色。

7. 烟草缺钾症状

烟草缺钾下部老叶先出现黄斑或叶缘和叶脉间褪绿。未受影响的最幼嫩的叶片呈暗绿色。缺钾严重时，上部叶片也可出现症状。

8. 番茄缺钾症状

番茄缺钾幼叶卷缩，老叶最初为灰绿色，然后叶缘呈现黄绿色，叶缘干枯，叶片向上卷曲。叶脉间失绿，并出现褐斑。落果早，裂果多，成熟晚且成熟期不一致，果质差。

9. 马铃薯缺钾症状

马铃薯缺钾叶片小，呈暗绿色。老叶的脉间褪绿，叶尖、叶缘坏死，叶片向上卷曲、干枯。

10. 苹果树缺钾症状

苹果树缺钾枝条基部和中部叶片的叶缘失绿变黄，叶片皱缩或向上卷曲。

11. 桃树缺钾症状

桃树缺钾，枝条细长，节间长。叶尖褪绿。随着缺钾的加剧，老叶主脉附近皱缩，叶缘或近叶缘附近坏死，形成不规则边缘和穿孔，叶缘向里和向上卷拢并向后弯曲。花芽少，果实少，品质差。

四、植物的钙营养诊断

植物缺钙根系受害（淹水、干旱、冷害），蒸腾减弱（空气湿度大）时植物易缺钙。钙在植物体内移动性很弱，富集于老叶中。缺钙时，植株生长受阻，节间较短，因而一般较正常生长的植株矮小，而且组织柔软。缺钙植株的顶芽、侧芽、根尖等分生组织首先出现缺素症，易腐烂死亡；幼叶卷曲畸形，叶缘呈不规则的锯齿状，叶缘变黄逐渐坏死。叶尖相互粘连呈弯钩状，新叶难抽出；禾本科早衰、结实少或不结实，常伴随铁、铝、锰的毒害。

钙过多可能导致或加重硼、铁、锌、锰的缺乏。

1. 玉米缺钙症状

玉米缺钙植株矮小，展开叶叶尖部分产生胶质，干后即胶黏在一起使叶尖相互粘连。叶缘黄化，有时呈白色锯齿状不规则破裂。

2. 番茄缺钙症状

番茄缺钙，果实顶腐，在果实顶部出现圆形的腐烂斑块，呈水渍状黑褐色，向内陷，称为脐腐病。番茄缺钙上部叶片褪绿变黄，叶缘较重，逐渐坏死变成褐色。幼叶较小，畸形，卷缩，易转变为紫褐色而死亡。

3. 甘蓝缺钙症状

甘蓝缺钙生长点枯萎，叶缘组织坏死，球（心）叶尖端和叶缘呈灰白色，有明显干边。

4. 苹果树缺钙症状

苹果树缺钙易出现苦痘病或痘斑病。苹果苦痘病果肉先变褐，干缩呈海绵状，逐渐在果面上出现圆形稍凹陷褐斑。病斑较大且呈褐色。苹果痘斑病病斑较小，排布较密，果肉白色。苹果树缺钙叶片出现淡绿色或棕黄色褪绿斑，经 2～3d 变成棕褐色或绿褐色焦枯状，叶柄及叶缘向下卷曲。

五、植物的镁营养诊断

由于镁在韧皮部的移动性较强，缺镁症状首先出现在老叶上。植物缺镁时，突出表现是叶绿素含量下降，并出现失绿症。主要表现为植株矮小，生长缓慢，双子叶植物叶脉间失绿，并逐渐由淡绿色转变为黄色或白色，还会出现大小不一的褐色或紫红色斑点，严重时整个叶片坏死。禾本科植物缺镁时，叶基部叶绿素积累，出现暗绿色斑点，严重缺镁时，叶尖出现坏死斑点。缺镁会导致根冠比降低。

沙质土壤（淋失）、酸性土壤（淋失、H^+、Al^{3+} 拮抗）、K^+ 和 NH_4^+ 含量较高的土壤（拮抗）容易缺镁。

1. 玉米缺镁症状

玉米缺镁通常是在基部的老叶上先出现症状。叶脉间出现淡黄色条纹，后变为白色条纹，叶脉一般保持绿色。极度缺镁时，叶脉间组织干枯死亡，整个叶片变黄，叶尖则变成棕色。

2. 大豆缺镁症状

大豆缺镁植株矮小，叶色浅，叶脉间失绿黄化并凸起皱缩，有棕色斑点，但叶基部及叶脉仍保持绿色，脉纹清晰，叶缘向下卷曲，老叶受影响较大。缺镁常延迟大豆成熟期，影响产量。

3. 烟草缺镁症状

烟草缺镁下部叶片失绿，叶尖和叶缘开始发黄，然后向整个叶脉间扩展，严重时叶片白色。但叶脉和叶脉附近仍可保持正常绿色。失绿叶片很少干枯或产生斑点。随着缺镁加重，中上部叶片也失绿变白。

4. 番茄缺镁症状

番茄缺镁症状先从中下部叶的主脉附近开始变黄失绿，在果实膨大盛期靠果实近的叶先发生。下部叶片叶脉间失绿。叶脉及叶脉附近保持绿色，形成黄化斑。严重时叶片僵硬，叶缘上卷，叶脉间黄斑连成带状，并出现坏死斑点。进一步缺镁时，老叶死亡，全株变黄。果实无特别症状。因缺镁严重影响叶绿素的合成，从番茄的第二穗果开始，坐果率和果实的膨大均受影响，产量降低。

5. 黄瓜缺镁症状

黄瓜缺镁主脉附近的叶脉间失绿。严重时，叶脉间全部褪色、发白。叶脉间出现大的凹陷斑，最后斑点坏死，叶萎缩。症状从下部老叶开始，逐渐向上部叶片发展，最后全株变黄。

六、植物的硫营养诊断

植物缺硫植株发僵，新叶失绿黄化。双子叶植物较老的叶片出现紫红色斑点，开花和成熟期推迟，结实率低，籽粒少。硫过量时，在强还原条件下可发生硫化氢毒害。

1. 小麦缺硫症状

小麦缺硫植株颜色淡绿，幼叶较下部叶片失绿明显，一般上部叶片黄化，叶脉和叶脉间全部黄化，下部叶片保持绿色。茎细、僵直，分蘖少，植株矮小。严重缺硫时，叶片出现褐色斑点。

2. 大豆缺硫症状

大豆缺硫植株矮小、新叶均匀黄化，中上部叶色泽褪淡，叶脉及叶脉间同时失绿。

3. 油菜缺硫症状

油菜缺硫植株矮小，叶色浅绿，叶背面变红。叶片直立或卷曲，生育期延迟，花小而少，花序小，花色褪黄呈白色。

4. 棉花缺硫症状

棉花缺硫植株矮小，茎细弱。新叶黄化，叶柄变红。随着缺硫加重，整个植株叶片黄化。

5. 莴苣缺硫症状

莴苣缺硫叶片黄化，小而厚，较硬。

6. 马铃薯缺硫症状

马铃薯缺硫上部叶片均一黄化，茎红色，新叶趋于卷曲，植株矮小。

七、植物的硼营养诊断

植物缺硼的共同特征：茎尖生长点生长受抑制，严重时枯萎，甚至死亡；老叶叶片变厚变脆、畸形，枝条节间短，出现木栓化现象，呈失水状茎基部肿胀；根的生长发育明显受阻，根短粗兼有褐色，豆科根瘤少；生殖器官发育受阻，结实率低，果实小、畸形，缺硼导致减产。

对硼比较敏感的植物会出现许多典型症状：甜菜的腐心病；油菜的花而不实；棉花的蕾而不花；小麦的穗而不实；芹菜的茎折病；苹果的缩果病；花椰菜的褐心病等。

硼在植物体内的运输明显受蒸腾作用的影响，硼中毒的症状多表现在成熟叶片的尖端和边缘，叶尖及边缘发黄焦枯，叶片上出现棕褐色斑点，与缺钾的症状非常相似。

植物体内硼含量＞200mg/kg 时表现出硼中毒症状。盐碱土、硼污染土壤上经常出现硼中毒。

1. 小麦缺硼症状

由于缺硼，小麦较低的芽鞘上长出次生芽和根。缺硼症状主要在生殖生长阶段出现。缺硼时开花授粉受影响，颖花不能授粉，颖壳张开，麦穗透亮，俗称亮穗。缺硼时穗小，籽粒少，严重时无籽粒，称为穗而不实。在小的未展开叶片的叶脉上出现坏死斑点。

2. 玉米缺硼症状

玉米缺硼上部叶片叶脉间组织变薄，呈白色半透明的条状纹。幼叶不能展开或很薄小，生长点发育不良或坏死，形成簇生叶。成熟期果穗短而小，形成的籽粒稀少、畸形、分布不规则。顶端的籽粒空瘪，空瘪部分可达整个穗长的 1/3。

3. 油菜缺硼症状

油菜缺硼出现畸形芽和萎缩的花。顶端持续开花，花期延长，角果少，不结实，俗称花而不实。

4. 向日葵缺硼症状

向日葵缺硼会导致籽粒成熟度不均一，不开花或大部分花不结实，形成畸形花序。

5. 番茄缺硼症状

番茄缺硼茎短而粗，坐果少，果实起皱，出现木栓化斑点，成熟期不一致。

6. 黄瓜缺硼症状

黄瓜缺硼会导致正在膨大的果实畸形，带有纵向的白色条纹，或果实开裂，有黄白色分泌物，果质粗。

7. 莴苣缺硼症状

莴苣缺硼会导致生长点发育极差或坏死，严重时坏死，叶片边缘焦枯。

8. 豌豆缺硼症状

豌豆缺硼豆荚中籽粒小而少，严重时无果。

9. 苹果树缺硼症状

苹果树缺硼易出现缩果病，坐果少，果实有木栓化现象，果向内出现淡绿色斑块，果实内缩，果皮凹凸不平，无食用价值。先在果肉内部出现水渍状病变，而后变褐木栓化。

10. 葡萄缺硼症状

葡萄缺硼茎和叶柄内部坏死，使茎和叶柄变粗膨大。坐果少，果实发育不良，无浆果或浆果多数是小果、少数为大果，小的浆果大部分干枯。枝条节间短，生长点坏死，出现梢枯。

八、植物的铁营养诊断

植物缺铁总是从幼叶开始，典型症状是叶片的叶脉间和细网组织出现失绿症，叶片上叶脉深绿而叶脉间黄化，黄绿相间明显；严重缺铁时，叶片出现坏死斑点并且逐渐枯死。

缺铁时植物的根系形态会出现明显的变化，如根系发育差、生长受阻、产生大量根毛、豆科根瘤少等。

在排水不良的土壤和长期渍水的水稻土上经常会出现亚铁中毒现象。当水稻叶片中亚铁含量>300mg/kg 时，可能出现铁的毒害。发生亚铁毒害的原因可能是植物吸收亚铁过多导致氧自由基的产生。

铁中毒的症状表现为老叶叶色暗绿，叶尖及边缘焦枯，叶脉间有褐斑，根部呈灰黑色，易腐烂。防治的方法是适量施用石灰，合理灌溉或适时排水晒田等。也可选用优良品种。

1. 番茄缺铁症状

番茄缺铁顶部叶特别是叶的基部有大量黄化斑，茎的顶部也黄化。

2. 苹果树缺铁症状

苹果树缺铁全叶呈黄白色，叶片边缘产生褐色焦枯斑，叶缘焦枯脱落。脉间失绿，细脉呈网纹状，后期叶缘出现褐斑。严重缺铁时发生黄叶病，新梢顶端枯死。

3. 葡萄缺铁症状

葡萄缺铁引起叶片黄化，最初是新梢幼叶脉间黄白色，叶脉残留绿色，具有绿色网状脉。新叶生长缓慢，老叶保持绿色。严重时，更多的叶片变黄或变白，并出现褐色坏死。叶片由上而下逐渐干枯脱落。缺铁时坐果减少，果实色浅粒小，基部果实发育不良。

4. 樱桃树缺铁症状

樱桃树缺铁叶肉先变黄，叶脉两侧仍保持绿色，出现绿色网状失绿叶片。

5. 水稻铁中毒症状

水稻铁中毒会导致下部叶片叶尖和叶脉间先出现棕红色斑点，然后斑点扩展到整个叶片，叶片变为棕色，随着病情的发展，下部叶片转为暗灰色而死亡。幼小植株受害时往往没有棕斑，但生长量小，最终产量降低。水稻铁中毒会出现青铜色叶片。

九、植物的锌营养诊断

植物缺锌时，生长受阻，植株矮小，节间短，生育期延迟。叶小，簇生，叶脉间失绿或白化，中下部叶片叶缘扭曲发皱。缺锌时叶绿体内膜系统易遭破坏，叶绿素形成受阻，因而植物常出现叶脉间失绿现象。

典型症状：苹果枝顶叶小并呈簇生状，即小叶病，芽苞形成减少，树皮粗糙易碎。玉米出现白苗病。

植物对锌的敏感程度因种类不同而有差异。禾本科植物中玉米和水稻对锌最为敏感，通常可作为判断土壤有效锌丰缺的指示植物。

一般认为植物含锌量＞400mg/kg 时就会出现锌的毒害。一般表现为新叶发黄，甚至呈灰白色，皱缩卷曲。

1. 水稻缺锌症状

水稻缺锌症状最初出现在植株下部较老叶片上，沿主脉出现棕色条纹或斑点，生长受阻，叶片小。水稻缺锌症状被称为缩苗、矮缩病、坐蔸、发红苗等。通常在移栽后 2～4 周出现症状，有蹲苗不长的现象。从田间看，叶色暗，稻丛基部深褐色，稻苗参差不齐，局部死苗。

2. 玉米缺锌症状

玉米缺锌时，植株生长缓慢、矮小，叶小呈簇生状。缺锌也导致根系短而少、老化，新根不下伸。

3. 苹果树缺锌症状

苹果树缺锌后顶芽生长受阻，生长点附近的节间缩短，新生长叶片呈簇生状，在枝条末端形成叶簇。

4. 葡萄缺锌症状

葡萄缺锌会使果穗、果粒减少，果粒大小不均。

6

第六章
改变施肥方式　实现水肥双节

　　赤峰市是我国重要的粮食产区。2012年以来全市粮食总产量一直稳定在百亿斤以上并仍呈逐步增加趋势。与此同时，农业灌溉面积迅速扩大，地下水被过度地开发及不合理利用，全市水资源日益紧张，已成为赤峰市经济社会快速发展的瓶颈。推广高效节水技术成为进一步提高农业综合生产能力、实施农业可持续发展战略、加快推进现代农业、保障国家粮食生产安全的重要途径。必须把握新格局、理清新任务，走好旱区节水增粮之路。要在粮油需求的刚性增长和水资源刚性约束两个红线的夹缝中求生产、求发展。

　　水肥一体化技术，即水、肥一同使用，通过改变施肥模式，在作物生长的关键时期补充水和肥，提高肥料利用率，减少肥料损失，从而达到化肥减量增效的目的。

第一节　当前高效节水技术在农业生产上的应用

　　当前高效节水技术主要是根据土地不同的地理条件、土地状况、水资源条件，在工程规划、设计、建设过程中采取科学合理的节水灌溉形式，在土地相对集中连片且平坦的地方发展大型喷灌，在工程面积较小、地块水平落差较大的地方建设移动式喷灌，在利用小管井进行灌溉的地方采取低压管灌和滴灌等措施进行节水灌溉。

一、微灌

1. 滴灌

滴灌是按照作物需水要求，通过管道系统与安装在毛管上的灌水器，将需要的水分和养分一滴滴、均匀而又缓慢地滴入作物根区的灌水方式。滴灌是局部灌溉，不破坏土壤结构，可使土壤内部水、肥、气、热保持适合作物生长的良好状况，蒸发损失小，不产生地表类径流，几乎没有渗漏，是一种高效省水的灌水方式。滴灌的主要特点：灌水量小，灌水器每小时流量为2～12L，因此：一次灌水持续时间较长，灌水的周期短，可以做到小水勤灌；需要的工作压力小，能够较准确地控制灌水量，可减少无效的棵间蒸发，不会造成水的浪费；滴灌还能自动化管理，省时省力。通常将毛管和灌水器放置在地表，称为地表滴灌，也可以把毛管和灌水器埋入地面以下30～40cm，称为地下滴灌。滴灌适用于粮食、蔬菜、花卉、果树等多种粮经作物，滴灌特别适用于水源紧缺地区以及透水性强的沙质土壤等。滴灌还可以与地膜覆盖技术相结合，形成膜下滴灌等技术。

（1）滴灌的优点

①节水、节肥、省工。滴灌属全管道输水和局部微量灌溉，将水分的渗漏和损失降到最低限度。灌溉时，水不在空中运动，不打湿叶面，蒸发损耗少，比喷灌节省水35％～75％。灌溉时能做到适时地供应作物根区所需水分，使水的利用率大大提高。便于灌溉结合施肥，实现水肥一体化，降低化肥施用量，减少养分流失。滴灌系统可通过阀门人工或自动控制，节省劳动力，降低生产成本。②有利于控制水分和温度。传统沟灌一次灌水量大，地表长时间保持湿润，地温降低快、回升较慢，且蒸发量加大，易使棚内湿度增大，导致病虫害发生。滴灌属于局部微灌，大部分土壤表面保持干燥，且滴头均匀缓慢地向根系土壤层供水，对保持地温、减少水分蒸发、降低湿度等均具有明显的效果。滴灌出水量小，可实现少量多次灌溉，土壤水分变化幅度小，能够控制根区水分，适合作物生长。同时，由于控制了空气和土壤湿度，可明显减少病虫害的发生，降低农药用量。③保持土壤结构。传统沟畦灌溉用水量较大，对土壤有冲刷、压实和侵蚀的作用，若不及时中耕松土会导致严重的板结，使通气性下降，使土壤结构遭到一定程度的破坏。滴灌属微量灌溉，水分缓慢均匀地渗入土壤，能对土壤结构起到保持作用，形成适宜的土壤水、肥、热环境。④增产增效、改善品质。滴灌能够使作物根区保持最佳供水供肥状态，促进作物生长，提高产量。同时由于降低了水、肥、农药用量，减少了病虫害的发生，降低了生产成本，改善了农产品

品质。

（2）滴灌的缺点

①投资较高，对农田集约化种植和管理人员的素质要求也较高。②易引起堵塞。水中的泥沙、有机物、微生物以及化学沉凝物等均可引起灌水器的堵塞，严重时会使整个系统无法正常工作，甚至报废。因此滴灌对水质要求较高。③可能引起盐分积累。当在含盐量高的土壤上进行滴灌或是利用咸水滴灌时，盐分会积累在湿润区的边缘。④可能限制根系发展。由于滴灌只湿润部分土壤，加之作物的根系有向水性，易引起作物根系集中向湿润区生长。

2. 微喷

微喷又称雾滴喷灌，是在喷灌与滴灌的基础上研制和发展起来的一种高效灌溉技术。微喷比喷灌更省水，由于雾滴细小，其适应性比喷灌强，农作物从苗期到收获期全过程都可用。微喷系统利用低压水泵和管道系统输水，在低压水的作用下，通过特别设计的微型雾化喷头或出水口，把水喷射至空中，并散成细小雾滴，洒在作物叶面或农田。微喷既可增加土壤水分，又可提高空气湿度，起到调节小气候的作用。微喷头出水孔的直径和出流流速（或工作压力）大于滴头，防堵能力较强。选择微喷头需考虑作物种类、土壤特性、灌溉要求等。

微喷带是采用激光或机械打孔方法生产的多孔喷水带，灌溉时在压力下水经过输水管和微喷管带被送到田间，通过微喷带上的出水孔，在重力和空气的作用下形成细雨般的喷洒效果。微喷带的出水孔按照一定距离和一定规律布设，如斜五孔、斜三通、横三孔、左右孔等，孔径一般为 0.1～1.2mm，主要型号有 N30、N45、N50、N65 等。微喷带成本低、使用方便，但对水要求较高。

二、喷灌

喷灌是喷洒灌溉的简称，指利用专门设备（水泵）形成自然落差将有压水流通过输水干管、借助支管上的喷头喷射成细小水滴，均匀喷洒到农田进行灌溉的方法。喷灌能很好地控制灌水量，适时、适量地灌溉农作物，是一种高效的灌溉方式。喷灌系统包括水源、水泵和动力机、管道系统、喷头、附属设备和工程等部分。根据系统构成可将喷灌系统分为管道式喷灌系统（固定管道式喷灌系统、半固定管道式喷灌系统和移动管道式喷灌系统）和机组式喷灌系统（圆形喷灌机、平移式喷灌机、卷盘式喷灌机和滚移式喷灌机）两大类。管道式喷灌系统因喷水时喷头位置不动又称为定喷式喷灌系统，机组式喷灌系统则因喷头边移动边喷洒也称为行喷式喷灌系统。

1. 管道式喷灌系统

（1）固定管道式喷灌系统

泵站、干管、支管等均位置固定，灌溉时不移动。优点是操作使用简便、劳动强度低、易实现自动控制、灌溉效率高，适用于地势平坦、种植规模大的区域；缺点是单位面积投资较高，固定装置可能妨碍农机作业。近年来，随着农业机械化水平的不断提高，为便于农机作业，人们研发了地埋伸缩式喷灌系统，该系统受到农民的欢迎，应用越来越广泛。其核心部件主要有套管、伸缩管、升降式喷头及钻土器等，集出地管、竖管、升降式喷头于一体，同时具有喷水和顶出地面功能，无须寻找田间出水口位置。喷水时喷头离地面高度可达 80～90cm，能够满足小麦和玉米苗期生长发育的灌溉需求。喷灌作业前后均不需要安装和拆卸任何设施，灌溉结束后能自动回缩至耕作层以下 35～40cm 处，不影响农机作业，极大地降低了劳动强度，提高了工作效率。地埋伸缩式喷灌系统的缺点是工程造价较高，亩均投资在3 000 元左右。

（2）半固定管道式喷灌系统

动力机、水泵和干管固定不动而支管、喷头可移动的喷灌系统为半固定管道式喷灌系统。在灌溉前需要将支管、喷头（立杆＋喷头）在田间安装布置完毕，打开机井开关进行灌溉。在一个工作区域灌溉结束后，需要将支管和喷头移动至下个灌溉区域。这种灌溉系统存在三方面的缺点：①劳动强度大。田间操作需要大量的人工，在刚结束灌溉的泥泞地块移动支管和喷头非常费劲，移动支管和喷头所需人工成本逐渐上升。在当前劳动力越来越紧缺的情况下，逐渐与生产发展不相适应。②轮灌周期长。一套半固定管道式喷灌系统单次灌溉面积在 7～10 亩（15～20 个喷头，喷头射程约为 18m），每次灌溉需 3～4h（机井出水量以 50～80m³/h 计，亩均灌水量以 20～35m³计），200 亩的地块需要移动 20 次，灌溉周期为 60～80h，按一天工作 10h 计算（夜间一般无法移动管道），轮灌周期为 6～8d。如果单次灌溉时间过短，需要增加移动次数，增加劳动强度和人力成本；如果灌溉时间过长，灌水量大，易造成地表积水和产生径流。③蒸发飘移较大，水喷洒到空气中容易受风的影响，存在一定的蒸发飘移损失。

（3）移动管道式喷灌系统

移动管道式喷灌系统为全部管道都可移动进行轮灌的喷灌系统。移动管道式喷灌系统的组成与固定式相同，它的各个部分（水泵、动力机、各级管道和喷头等）都可拆卸，可在多个区域之间轮流喷洒作业。系统的设备利用率高、投资小，但由于所有设备（特别是动力机和水泵）都要拆卸、搬运，劳动强度大，工作效率低，设备维修保养工作量大，有时还容易损伤作物，一般适用于小规模、经济不发达的地区。

2. 机组式喷灌系统

（1）圆形喷灌机

圆形喷灌机又称指针式喷灌机、中心支轴式喷灌机等。由中心支座、桁架、塔架车、末端悬臂和电控同步系统等组成，是一种自动化水平较高的大型现代灌溉设备。装有喷头的桁架支撑在若干个塔架车上，彼此之间用柔性接头连接，工作时喷灌机围绕装有供水系统的中心支轴作360°喷洒作业，故又称中心支轴式喷灌机。圆形喷灌机通过中心支座上的百分率计时器控制行走速度，从而控制灌水量的多少。根据行走驱动力分为水力驱动型、液压驱动型和电力驱动型。

圆形喷灌机适用于无电线杆、深沟等障碍物，种植规模较大（100亩以上），比较方正的地块。圆形喷灌机的优点：桁架高，不影响农机作业；采用电力驱动，爬坡能力强；自动化程度高，可进行远程操控，能节省大量劳动力；灌溉均匀度高，水滴细小均匀，不容易导致土壤板结；系统使用寿命长（通常在20年以上），亩投资适中；运行与维修维护费用较低。缺点是机组末端喷灌强度偏大，容易产生地表径流，普通型系统不能灌溉地角。

（2）平移式喷灌机

平移式喷灌机是为了克服圆形喷灌机在方形地块四角漏喷的问题而研制的，主要由驱动车、塔架车、塔架车上装喷柘架、桁架末端悬臂、电同步系统和导向装置等部分组成。它以中央控制塔沿供水线路（如渠道、供水干管）取水自走，其输水管的运动轨迹互相平行（即支管轴线垂直于供水轴线）。喷洒时整机只能沿垂直支管方向作直线移动，而不能纵向移动，相邻塔架间也不能转动，其运行方式是平行移动式，中心点和所有跨体平行移动，水流从中心点经过机身上的喷头均匀喷洒。平移式喷灌机在运行中须配有导向设备。

平移式喷灌机按供水方式可分为渠道供水型和软管供水型，按供水点位置可分为两端供水型和中间供水型，按驱动台车结构可分为两轮驱动台车型和四轮驱动台车型。

平移式喷灌机的优点：灌溉矩形地块，土地利用率高；灌水均匀度高，可避免末端地表径流问题；行走方向与作物种植方向一致。缺点：结构较复杂，单位面积投资高；软管供水式，需人工拆接、搬移软管；渠道供水式，对地块平整度要求高；柴油发电机组供电运行成本高；供电需要专用拖移电缆，电力设计标准高。

（3）卷盘式喷灌机

卷盘式喷灌机又称绞盘式喷灌机，由喷头车和卷盘车两个基本部分组成。卷盘车上安装有缠绕高密度聚乙烯（HDPE）管的卷盘系统。喷灌车是一套装有行走轮用于安装喷枪的框架，采用短射程喷头时将框架制成悬臂桁架式，上面装有多个喷头。卷盘式喷灌机工作时，喷车边行走边喷洒，形成长条形湿润区。牵引喷头车行走的方式有利用钢索行走和利用聚乙烯管行走两种。卷盘式喷灌机的优点：结构简单、制造容易、维修方便、价格低廉；自走式喷洒、操作方便、节省劳力；机动性好、适应性强、供水方便、操作简单，只需1~2人操作管理，可昼夜工作，可自动停机；控制面积大、生产效率高；便于维修保养，喷灌作业完毕可拖运回仓库保存。但也存在明显的缺点：①能耗大、运行费用高。②远射程喷头水滴偏大、低压喷头喷灌强度大，不宜在黏土耕地作业。③高压水束受风的影响较大，特别是风向不定时水滴飘移严重，影响灌溉均匀度。④为拖拽软管需要预留较宽的机耕道，降低了土地利用率。⑤聚乙烯管工作条件差，要耐磨、耐压、耐拉、耐老化，若保养不善就会降低其使用寿命。卷盘式喷灌机适用于大型农场或集约化作业，适用于小麦、玉米、棉花、牧草等，要注意单喷头工作时水滴对作物的打击。

（4）滚移式喷灌机

滚移式喷灌机出现于20世纪40年代，在人工移滚式喷灌系统的基础上演变而来，是一种半机械化大型喷灌机。滚移式喷灌机由中央驱动车、带接头的输水支管、爪式钢制行走轮、带矫正器的摇臂式喷头、自动泄水阀和制动支杆等部分组成。中央驱动车位于喷洒支管的中间，主要由 3～6kW 的风冷汽油机直连无级调速的液压驱动装置与机械减速传动机组构成。喷洒支管彼此之间为刚性连接，按一定的间距安装一套带矫正器的摇臂式喷头、自动泄水阀、若干爪式钢制行走轮和制动支杆，形成多支座喷洒支管翼。

第二节　赤峰市水肥一体化技术发展情况

一、赤峰市近年来受旱灾情况

据不完全统计，1949 年至 2009 年的 60 年中，赤峰市发生干旱的年份就有 52 年，占 87%。特别是 2009 年、2010 年赤峰市降水异常少，致使全市旱情加剧，全市农作物受灾情况严重，年平均降水量不足 300mm。2009 年全市农作物受旱灾面积 1 517.14 万亩，成灾面积 1 293.79 万亩，绝收 691.51 万亩。全市粮食因旱灾减产 15 亿 kg 左右。造成直接经济损失 24 亿多元，造成经济作物减产或绝收而形成的经济损失 4.5 亿元，其他作物损失 1.5 亿元。另外，由于绝收造成农民的投入血本无归，化肥、种子、农药等农业生产资料投入的损失约 6 亿元；全市因旱合计造成种植业直接经济损失 36 亿多元。

近年来，由于气候持续干旱，各主要河流进入赤峰市的地表径流量严重不足，工农业用水持续增加，导致地下水超采严重，地下水位逐年下降。全市有 2 万多眼机电井出水不足，部分机井出现吊泵现象，单井的控制面积不断下降，提水费用逐年增加，严重影响了农田灌溉质量和效益。一些旗县区农业灌溉井深 150m 以上，个别地区灌溉井深度达 220m。资源性缺水、工程性缺水并存，既是赤峰市农业发展的瓶颈，也是赤峰市经济社会可持续发展的主要制约条件。

二、赤峰市水资源情况

赤峰市水资源总量常年平均为 32.67 亿 m^3，地下水资源总量为 21.23 亿 m^3。人均水资源占有量不足 1 000 m^3，是全国人均占有水资源总量的

48％，是内蒙古自治区人均占有水资源量 2 200m³ 的 52％，是全国亩均水资源占有量的 20％。全市地表水入境量及自产水量之和的利用率为 17％，南北山区地表水资源的 60％～70％流至境外，地表水开发利用程度较低。全市供水量的 95.7％为地下水，用水量的 95.5％为农业用水，农业用水的利用率在 40％～50％，仅为发达国家的一半左右，每立方米的粮食生产能力仅为 0.85kg 左右，远低于发达国家 2kg 以上的水平。由于受气候因素的影响，全市大部分农作区年降水量在 350～450mm，降水集中在 6—8 月，约占全年总降水量的 72％。

十年九旱、连年春旱是赤峰市农业生产现状。与此同时，农业灌溉面积迅速扩大，地下水被过度地开发及不合理利用，全市水资源日益紧张，已成为全市经济社会快速发展的瓶颈。因此，高效用水不仅是一个需要长期坚持的战略方向，而且是关系到农业的可持续发展的关键课题。发展节水农业、促进高效用水在保障国家粮食安全和农业绿色高质量发展大局中具有重要的战略地位。

三、国外技术进展

据 FAO 2004 年统计，截至 2002 年全世界灌溉农业面积为 2.76 亿 hm²，占全球总耕地面积的 20％。一些发达国家和地区一直以来都非常重视水、肥资源的高效利用，目前，以色列农业采用水肥一体化技术达 90％以上，同时每年都在推出新的滴灌技术与设备，并从滴灌技术中派生出地埋式灌溉、喷洒式灌溉、散布式灌溉等，这些技术有的已经进入了包括中国在内的国际市场。例如，以色列著名的 NETAFIM 滴灌技术设备公司，产品和服务遍及 70 多个国家和地区，年销售额 2 亿美元以上，占全球灌溉设备市场总销量的 70％。全球使用喷灌和微灌技术的耕地面积约为 2 500 万 hm²，其中 40％位于美国（国际灌溉排水委员会，2005），美国 25％的玉米、60％的马铃薯、32.8％的果树采用水肥一体化技术。采用微灌技术的土地面积占全球土地面积的 20％，主要分布在发达国家或位于干旱和半干旱地区的国家，如美国、西班牙、法国、中国、意大利以及印度等。

四、中国技术进展

自 20 世纪 70 年代中期中国开始从国外引进喷灌和滴灌节水灌溉技术，20 世纪 80 年代中期喷灌和滴灌技术一度得到迅猛发展。但是由于经济以及技术落后等原因，不几年就纷纷停滞。20 世纪 90 年代中期，中国再次充分意识到水资源短缺的问题，开始重新大力研究并推广节水技术。经过十几年的不懈努力，在节水技术上取得了一些进展。引进消化吸收并仿制了不少条滴灌生产线，滴灌设备产品质量比 20 世纪 80 年代有了很大进步，基本形成了各种微灌设备的生产能力。近十几年开展了节水灌溉设备在水肥一体化技术方面的研究与推广，已经初步形成了主要农作物的灌溉施肥技术方法和标准。其中，最成功的例子就是新疆棉花膜下滴灌技术的应用。目前该项技术已经在内蒙古的马铃薯和玉米、吉林的玉米、山西的葡萄等多地多种农作物以及经济作物上大面积应用。中国有灌溉条件的农田为 8.38 亿亩，实际可确保灌溉的为 7.5 亿亩，约占全部耕地的 40%，但是目前水肥一体化应用面积还较小。

五、赤峰市技术进展情况

赤峰市是中国重要粮食产区。2012 年以来全市粮食总产量一直稳定在百亿斤以上，并仍呈逐步增加趋势。与此同时，农业灌溉面积迅速扩大，地下水被过度地开发及不合理利用，全市水资源日益紧张，已成为赤峰市经济社会快速发展的瓶颈。推广高效节水技术成为进一步提高农业综合生产能力、实施农业可持续发展战略、加快推进现代农业、保障国家粮食生产安全的重要途径。按照习近平总书记提出的"节水优先、空间均衡、系统治理、两手发力"的新时期水利工作方针，赤峰市把高效节水放在更加突出的位置，赤峰市 2004 年开始引进膜下滴灌技术，由于成本原因，最初主要应用于温室大棚和经济作物（番茄、黄瓜等），面积约为 2 000 亩。2009 年开始依托农业部财政补贴项目在大田推广，敖汉旗、松山区、巴林右旗建设了 3 000 亩的玉米膜下滴灌项目。示范结果表明，膜下滴灌不但节水节肥，还具有节电、节地、节省劳动力等多项效果，并且地形规模坡度对其影响较小，受到了农民的欢迎和认可。2009—2013 年，在推广大田滴灌的基础上，人们开始对滴灌相关技术进行研究，开展了灌溉施肥试验和滴灌创新技术研究，研发了适用于小规模地块的便携式滴灌、太阳能滴灌以及适用于规模经营的自动测墒灌溉——自动化滴灌。

第三节　赤峰市水肥一体化技术研究成果

在赤峰市 12 个旗县区的玉米上研究了滴灌灌溉施肥制度：滴灌条件下，不同灌溉定额、不同频次对玉米产量和经济效益的影响；滴灌条件下，降水量、灌溉量的交互作用对产量的影响；不同灌溉条件对土壤墒情动态变化的影响；滴灌条件下，量化指标灌溉制度的建立；滴灌条件下，不同施氮量对玉米生长的影响；滴灌条件下，量化指标施肥制度的建立。同时，开展了新型滴灌水肥一体化设备和技术研究，研究了便携式滴灌水肥一体化设备和自动化控制精准施肥系统及滴灌条件下地膜残留对作物产量的影响和技术对策等。根据试验结果，建立了降水量与灌溉量对产量影响模型、灌溉量与氮肥交互作用关系模型、赤峰市不同作物不同土壤质地的墒情与旱情评价指标体系、墒情监测设备与传统测试方法关系模型、灌溉量与土壤水分动态变化关系模型，确定了玉米水肥一体化灌溉施肥技术参数，促进了水肥一体化技术快速大面积推广应用。

摸清了不同地膜品种及覆膜方式在赤峰市的使用现状，研究了不同品种地膜对土壤温度、湿度变化以及作物产量的影响，明确了不同覆膜方式、不同地膜品种应用技术参数，首次摸清了赤峰市不同区域、不同覆膜年限、不同土层地膜的残留量，提出了残膜污染防治的技术和对策，建立了适宜赤峰市的玉米水肥一体化技术集成模式，引入了自动化智能滴灌系统，建成自动化控制滴灌水肥一体化示范田。

一、灌溉制度研究

在全市多个旗县区开展灌溉定额、灌水量、灌溉频次和水分利用率等多项试验。确定了滴灌条件下玉米、马铃薯合理的灌溉定额、灌水量以及适宜的频次，建立了相关函数关系和相应的灌溉制度。滴灌灌溉制度的建立为滴灌技术的推广提供了支撑和依据，既减少了灌溉水的用量，又提高了水分利用率。

1. 土壤墒情与灌溉的关系研究

（1）土壤墒情的概念

土壤墒情是指农田土壤含水量与对应的作物生长发育阶段的适宜程度。在不同的作物生长发育阶段，作物根系对农田土壤含水量有不同的要求。根据作物不同生育时期对土壤水分的需求及作物根系分布层土壤含水量的满足程度进行农田土壤墒情等级划分，能够让人们更加形象地理解土壤含水量的意义。

墒情是评价农田水分状况满足作物需要程度的指标，墒情监测是指长期对不同层次土壤的含水量进行测定，调查作物长势长相，掌握土壤水分动态变化规律，评价土壤水分状况，为农业结构调整、农民合理灌溉、科学抗旱保墒、节水农业技术推广等提供依据。其特点是以田间水分监测为基础，围绕作物需水规律和生长状况，综合考虑土壤、施肥、栽培等因素，提出农田水分管理措施，服务农业生产，促进高效用水、节约用水，提高资源利用率。

墒情监测以农田为对象，在不同的生态气候区，在当地主导耕作土壤和主导作物上，根据种植模式和采用的农业技术的不同建立监测站点。通过定点、定期的土壤水分及降水等气象因子的测定和农业生产管理、作物表象等的观测记载，及时了解作物根系活动层土壤水分状况、土壤有效水含量。①反映作物当前水分需求和土壤水分利用状况，了解是否因土壤水分不足而影响播种或影响作物正常生长，以此决定灌溉、施肥、播种等农事操作；②反映大气干旱与土壤干旱的相关规律，了解旱灾发生的趋势和程度，提出干旱预警预报；③反映不同农业技术对土壤水分蓄、保、用的调控作用及对作物的影响，为节水农业技术的科学推广应用提供支撑；④通过长期定位土壤墒情监测数据，掌握不同区域、不同土壤类型和不同技术模式应用条件下的土壤墒情变化规律，结合各地气象和水文资料完善区域土壤墒情分级和预警制度，探索土壤墒情变化的预测预报。

（2）土壤墒情监测的意义

墒情监测是农业生产中不可缺少的基础性、公益性、长期性工作，与病虫害预测预报、苗情长势调查一样，是农情动态监测的重要内容。

墒情监测是农业抗旱减灾的迫切需要。赤峰市地处内蒙古高原向松辽平原过渡地带，属温带半干旱大陆性季风气候，年降水量350～450mm，主要降水集中在 6—8 月，约占全年总降水量的 72%。但干旱仍然是制约赤峰市粮食生产的最主要因素，基本上是十年九旱，三年一大旱，两年一小旱，年年都春旱。

做好土壤墒情监测工作，及时了解和掌握农田土壤干旱和作物缺水状况，采取相应对策缓解和减轻旱灾威胁，提高农业生产的稳定性是防灾减灾、稳产增产的迫切需要。

土壤墒情监测是发展高效节水农业的关键环节。水分是土壤的重要组成部分，是土壤肥力的重要因素和作物生长的基本条件。针对作物生长情况合理调控农田土壤水分状况是农业增产增收的重要措施之一。无论是降低农业生产成本、提高农产品产量和质量，还是实现农业可持续发展，科学用水都是必然的选择。开展土壤墒情监测，可以掌握土壤墒情变化规律，针对作物生长状况、水分需求和土壤水分状况科学确定灌溉时间和灌溉量，指导农民采取合理的灌溉方式科学浇水。还可以指导农民及时采取覆盖、镇压、划锄、抗旱坐水等蓄水保墒措施，保证作物生长期间的水分需求。因此，做好土壤墒情监测是推广农田节水新技术、实现科学用水和农业高产高效的关键技术环节。

（3）土壤墒情监测的方法

赤峰市多年进行农田土壤墒情旱情监测，不断完善监测技术和手段，在全市粮食主产旗县区开展墒情监测预报工作抗旱救灾。目前主要有人工监测及自动监测两种方式监测土壤墒情。人工监测是由技术人员定时到田间采集土壤含水量、农作物生长表象等数据。监测点选集中连片的地块，每个监测点面积不小于 3 亩，监测点形成监测网络，采用烘干法测定重量含水量。

自动监测以自动监测仪器为主，能实时自动采集降水量、气温、光照、土壤含水量、地温等数据。选择地形开阔、周边没有高大建筑、便于管理的地块，要有设备房，最好有电源设施。面积不小于 30m²，监测站设置地块内不进行耕作。

测定土壤含水量，并结合作物生长情况给出墒情等级、旱情。根据气象情况，推断墒情短期变化趋势，提出需要采取的农事操作建议。目的在于给政府部门抗旱救灾、指导农业生产提供决策依据，为农民提供具体的农事操作建议。

将土壤样品在烘箱中（105±2）℃烘至恒重后，与烘干前土样相比所失去的质量即土壤样品所含水分的质量。烘干法适用于除有机土（含有机质20％以上）以及含大量石膏的土壤以外的土壤的水分含量的测定。

烘干法所使用的仪器主要有土钻或取土器、2mm孔径的土壤筛、各种类型的铝盒（小型的直径约40mm，高约20mm；大型的直径约55mm，高约28mm）、感量为0.01g的天平、电热恒温鼓风干燥箱和内盛变色硅胶或无水氯化钙的干燥器。

土壤样品可分为新鲜土样和风干土样。新鲜土样与风干土样的含水量的测定方法有所不同。

新鲜土样是指在田间用土钻或取土器采集的有代表性的土样，刮去土钻上部浮土，将中部所需深度处的10～20g土壤捏碎后迅速装入已知准确质量的大型铝盒内，盖紧，装入木箱或其他容器，带回实验室，将铝盒外表擦拭干净，立即称重，尽早测定水分。

新鲜土样水分的测定方法：将盛有新鲜土样的大型铝盒在分析天平上称重，精确至0.01g。将盒盖倾斜放在铝盒上，置于已预热至（105±2）℃的恒温干燥箱中烘6～8h（一般样品烘6h，含水量较大、质地黏重的样品需烘8h）。取出，盖好，在干燥器中冷却至室温（约需30min），立即称重，精确至0.01g。

选取有代表性的风干土壤样品，压碎，通过2mm筛，混合均匀后备用。

风干土样水分的测定方法：取小型铝盒在恒温干燥箱中105℃烘约2h，移入干燥器内冷却至室温，称重，精确至0.01g。取待测试样约5g，均匀地平铺在铝盒中，盖好，称重，精确至0.01g。将盒盖倾斜放在铝盒上，置于已预热至（105±2）℃的恒温干燥箱中烘约6h。取出，盖好，移入干燥器内冷却至室温（约需20min），立即称重，精确至0.01g。

烘干法是目前国际上仍在沿用的标准方法。此方法的优点是简便、数据重复性好。不足之处是烘干至恒重需时较长，不能及时得出结果，且定期取土样时，不可能在原处再取样，而不同位置土壤的空间变异性会给测定结果带来误差。

通过在全市粮食主产旗县区的主要耕地及气候类型区设立监测点，定期开展土壤墒情监测，根据监测结果，组织专家会商，分析整理收集或试验获得的田间持水量、毛管断裂含水量及作物需水量等数据，确定作物在不同土壤质地条件下的适宜土壤相对含水量的指标上限和下限，形成本地区不同作物、不同土壤质地的农田土壤墒情旱情评价指标，通过农田土壤墒情旱情评价指标可以直观地了解土壤含水量状况，进而确定灌溉制度。

在宁城县、敖汉旗、喀喇沁旗、翁牛特旗、松山区、巴林左旗开展速测仪与传统烘干法对比试验，试验结果见表6-1。

表6-1 烘干值与仪器测定值对比

旗县	土层（cm）	容重	含水量（%）	仪器测定值
喀喇沁旗	0～20	1.62	13.5	24.1
		1.68	14.9	25.5
		1.79	8.8	14.1
宁城县	0～20	1.61	14.5	21.9
		1.27	13.5	17.1
		1.63	9.4	12.8
敖汉旗	0～20	1.6	10.2	16.6
松山区	0～20	1.43	14.6	19.9
翁牛特旗	0～20	1.27	30.2	32.0
巴林左旗	0～20	1.48	10.5	21.2
喀喇沁旗	20～40	1.66	14.7	20.5
		1.63	16.2	26.2
		1.83	8.0	14.5
		1.72	13.2	20.8
		1.47	14.6	25.9
宁城县	20～40	1.54	19.7	25.5
		1.46	17.9	20.9
		1.68	12.8	18.3
敖汉旗	20～40	1.50	8.9	13.4
松山区	20～40	1.63	12.2	20.3
翁牛特旗	20～40	1.27	31.1	34.6
巴林左旗	20～40	1.55	14.1	24.2

相关性分析见表 6-2。

表 6-2　相关性分析

	容重	真实值	测定值
容重	1		
真实值	-0.664^{**}	1	
测定值	-0.506^{*}	0.878^{**}	1

通过表 6-1 和表 6-2 可以看出，自动化监测仪测定值与土壤容重间具有极显著负相关关系，说明土壤容重对自动化监测仪测定数据有较大影响，监测仪测定值与烘干法计算真实值间具有极显著正相关关系，说明自动化监测仪测定值变化趋势与土壤含水量真实值变化趋势一致。

进一步分析土壤含水量真实值与土壤含水量速测仪测定值之间的关系，进行多元回归分析，可得以下方程：

$$y = 0.012\ 3x^3 - 0.544\ 6x^2 + 8.170\ 3x - 18.444 \quad R^2 = 0.785$$

通过对方程进行分析，发现土壤含水量为 8%～22% 时拟合度最好（图 6-1）。

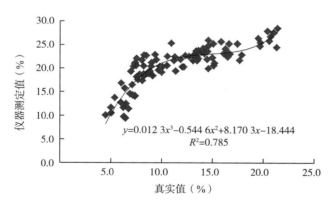

图 6-1　土壤含水量真实值与速测仪测定值之间的关系

连续几年在不同质地土壤上模拟不同灌水量情况下土壤墒情的变化趋势（表 6-3），每种类型土壤再选取 3 种不同田间持水量的地块进行细化分析。通过对沙土、壤土、黏土 3 种类型土壤不同灌水量引起的土壤相对含水量的变化建立回归方程，引入田间持水量，建立灌水定额、田间持水量与土壤相对含水量变化平均值之间的关系模型，能够有效减少土壤类型变化造成的估算误差。最后得到交互作用模型。

表 6-3 不同灌水量、田间持水量土壤相对含水量变化情况

灌水量（m³/亩）	田间持水量（%）	土壤相对含水量变化平均值（%）	
		0~20cm	20~40cm
5	15	13.4	9.7
10	15	22.3	16.8
15	15	26.7	19.6
20	15	29.8	23.7
5	18	15.7	9.2
10	18	24.6	13.6
15	18	26.7	19.2
20	18	29.8	25.7
25	18	30.1	26.2
3	19	11.2	10.9
6	19	17.2	17.3
9	19	23.6	22.1
12	19	25.4	25.1
15	19	26.7	25.9
5	21	11.7	5.9
10	21	19.4	10.4
15	21	21.4	13.2
20	21	25.0	18.8
25	21	27.3	19.6
3	23	13.4	5.7
6	23	18.1	9.6
9	23	25.4	11.2
12	23	26.9	17.5
15	23	27.4	19.1
5	25	12.1	5.4
10	25	16.9	10.1
15	25	22.8	11.7
20	25	27.6	16.5
25	25	29.2	18.6

（续）

灌水量（m³/亩）	田间持水量（%）	土壤相对含水量变化平均值（%）	
		0～20cm	20～40cm
5	28	17.4	4.2
10	28	19.5	7.6
15	28	22.9	11.5
20	28	28.7	15.3
25	28	30.5	15.9

通过对不同类型土壤灌水量对土壤相对含水量变化值的影响结果分析，可以看出，随着田间持水量的增加，0～20cm 土层土壤相对含水量变化值对不同灌水量的响应不明显，20～40cm 土层表现为沙壤土＞壤土＞黏土。

对不同田间持水量（15%、18%、19%、21%、23%、25%、28%）、不同灌水量（5m³/亩、10m³/亩、15m³/亩、20m³/亩、25m³/亩）与土壤相对含水量变化值进行多项式回归分析，拟合得二元二次方程：

$$0～20cm：Y = 16.105\,1 + 1.75X_1 - 0.683\,8X_2 - 0.034\,5X_1^2 + 0.012\,3X_2^2$$

$$(6-1)$$

$$20～40cm：Y = 0.631\,3 + 1.403\,0X_1 + 1.031\,7X_2 - 0.025\,3X_1^2 - 0.042\,8X_2^2$$

$$(6-2)$$

式中：Y 为产量，X_1 为灌溉量，X_2 为降水量。决定系数：$R^2 = 0.852\,7^{**}$（6-1），$R^2 = 0.885\,4^{**}$（6-2）。

根据方程（6-1）、（6-2）绘制田间持水量与灌水量互作效应的曲面图（图 6-2、图 6-3）。

通过图 6-2 和图 6-3 可以看出，在 0～20cm 土层，在灌水量相同时，土壤相对含水量变化值变化不大；在田间持水量一致时随着灌水量的增加土壤相对含水量的变化值也在不断增大，但增长速度逐步减缓。在 20～40cm 土层，在灌水量相同时，土壤田间持水量越大土壤相对含水量变化值变化幅度越小，在田间持水量一致的情况下，随着灌水量的增加土壤相对含水量变化值也在不断增大，同时增长速度也在逐步减缓。

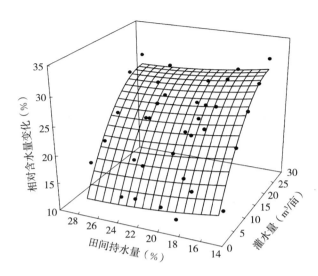

图 6-2　0～20cm 土层土壤田间持水量与灌水量互作效应曲面图

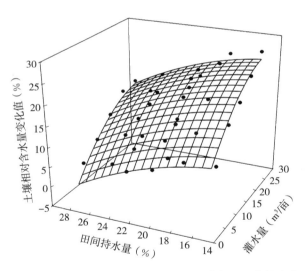

图 6-3　20～40cm 土层土壤田间持水量与灌水量互作效应曲面图

2. 农田土壤墒情评价指标体系建立

土壤墒情等级是指农田土壤含水量与对应的作物生长发育阶段的适宜程度。在不同的作物生长发育阶段，作物根系对农田土壤含水量有不同的要求。根据作物不同生育时期对土壤水分的需求及作物根系分布层土壤含水量的满足程度进行农田土壤墒情等级划分，能够让人们更加形象地理解土壤含水量的意义。

土壤墒情评价指标体系建立采用的是田间试验归纳法，主要是通过广泛收集整理已有的气象资料、作物需水特性研究资料和作物受旱的表象资料，并结合长期的田间观测记载资料的分析整理建立评价指标体系。

在土壤墒情评价指标体系建立之前，要先收集资料。这些资料包括本地区主要作物的种类、分布区域、播种面积和耕作制度，主要作物不同生育时期的需水规律和灌溉试验研究资料，主要作物生育时期内气候特征和变化规律的相关资料，农田水利设施条件和主要作物的灌溉方式、灌溉定额、灌水量、灌水周期等资料，主要耕作土壤的质地、容重、田间持水量、凋萎系数和土壤毛管断裂含水量等数据资料。有些土壤基础数据是不能够通过资料收集获得的，必须进行土壤采样测定。如测定不同层次土壤的田间持水量和容重，并建立重量含水量和容积含水量的对应关系，获得重量田间持水量和容积田间持水量数据。同时有必要进行田间观测试验，补充和更新有关数据。综合分析这些数据，从中找出当地土壤墒情变化规律和主要影响因素。

由于我国气候类型复杂，作物种植模式多样，同一种作物在不同区域的需水特性多有不同，要区分不同作物的需水特性和作物表象，就要对资料进行分析归纳，分析田间试验结果，划分作物各生育阶段的需水量。

土壤墒情等级主要的评价因子是作物需水情况、土壤含水量、土壤田间持水量、土壤凋萎含水量、根系分布层深度、土壤质地、土层深度、土壤毛管断裂含水量。

根据作物主要根系分布层土壤含水量将作物的满足程度划分为渍涝、过多、适宜、不足、干旱、严重干旱6个等级，具体如下：

（1）水浇地和旱地

渍涝：土壤水分饱和，田面出现积水持续超过 3d；不能播种，作物生长停滞。

过多：土壤水分超过作物播种出苗或生长发育适宜含水量上限（通常为土壤相对含水量大于 80％），田面积水 3d 内可排除，对作物播种或生长产生不利影响。

适宜：土壤水分满足作物播种出苗或生长发育需求（土壤相对含水量为 60％～80％），有利于作物正常生长。

不足：土壤水分低于作物播种出苗或生长发育适宜含水量的下限（土壤相对含水量为 50％～60％），不能满足作物需求，作物生长发育受到影响，午间叶片出现短期萎蔫、卷叶等现象。

干旱：土壤水分供应持续不足（通常为土壤相对含水量低于 50％），干土层深 5cm 以上，作物生长发育受到危害，叶片出现持续萎蔫、干枯等现象。

严重干旱：土壤水分供应持续不足，干土层深 10cm 以上，作物生长发育受到严重危害，干枯死亡。

（2）水田

渍涝：淹水深度 20cm 以上，3d 内不能排出，严重危害作物生长。

过多：淹水深度 8～20cm，3d 内不能排出，危害作物生长。

适宜：淹水深度 8cm 以下，有利于作物生长发育。

不足：田面无水、开裂，裂缝宽 1cm 以下，午间高温，禾苗出现萎蔫，影响作物生长。

干旱：田间严重开裂，裂缝宽 1cm 以上，禾苗出现卷叶，叶尖干枯，危害作物生长。

严重干旱：土壤水分供应持续不足，禾苗干枯死亡。

土壤质地与土壤蓄水保水能力也紧密相关，因此，每种作物还要分别按黏土、壤土和沙土 3 种质地分别建立农田土壤墒情评价指标，形成本地区的农田土壤墒情评价指标体系。

在建立农田土壤墒情评价指标时要注意土壤含水量的计算。由于作物根系分布深度不会恰好是 0～20cm、20～40cm、40～60cm、60～80cm、80～100cm 的分布规律，所以在测定了各层土壤含水量之后，要通过计算确定作物根系层的平均田间持水量和平均土壤含水量。

计算方法是根据作物不同生育时期主要根系分布的土层深度，求加权平均值。

例如，玉米幼苗期根系分布深度在 0～30cm，分别测定获得了 0～20cm 和 20～40cm 土层土壤的田间持水量，通过下面公式计算其加权平均田间持水量。

$$W = W_1 \times 2/3 + W_2 \times 1/3$$

式中：W 为根系分布层的平均田间持水量（％），W_1 为 0～20cm 深度的田间持水量（％），W_2 为 20～40cm 深度的田间持水量（％）。

通过连续多年在全市 12 个旗县区布设 60 个墒情监测点，全年进行墒情监测，采集墒情数据。同时结合气象数据、田间观测数据和灌溉定额等田间试验结果，初步制定了赤峰市农田土壤墒情评价指标。具体情况见表 6-4。

表 6-4 土壤墒情评价指标

农田土壤墒情类型	传统说法	土壤相对含水量（％）	土壤基本性状
过湿墒情	汪水	＞85	土壤含水量接近田间持水量，接近饱和。土壤呈泥状或捏时有水滴。无法进行田间作业
一类墒情	黑墒	65～85	土壤含水量低于田间持水量。土壤有湿润感，可捏成团状，1m 高处落地不碎
二类墒情	黄墒	50～65	土壤含水量接近最大分子持水量，有半湿润感，土壤可捏成团状，1m 高处落地散碎
三类墒情	潮干土	30～50	土壤含水量接近或高于凋萎点。有潮湿感，土壤捏不成团

通过连续多年在全市不同土壤类型玉米上进行田间观察与试验，初步制定了玉米的农田土壤墒情评价指标体系，结果见表 6-5、表 6-6、表 6-7。

表 6-5 中壤土种植玉米农田土壤墒情评价指标体系

作物名称	作物生育时期	土层深度（cm）	田间持水量（％）	过多		适宜		不足	
				重量含水量（％）	相对含水量（％）	重量含水量（％）	相对含水量（％）	重量含水量（％）	相对含水量（％）
玉米	播种出苗期	10	21.95	＞17.56	＞80	13.17～17.56	60～80	＜13.17	＜60
	幼苗期	30	22.54	＞18.03	＞80	13.52～18.03	60～80	＜13.52	＜60
	拔节期	50	21.75	＞17.40	＞80	14.14～17.40	65～80	＜14.14	＜65
	抽穗开花期	50	21.75	＞17.40	＞80	15.23～17.40	70～80	＜15.23	＜70
	灌浆期	60	22.10	＞17.68	＞80	15.47～17.68	70～80	＜15.47	＜70
	成熟期	60	22.10	＞17.68	＞80	13.26～17.68	60～80	＜13.26	＜60

表 6-6 轻壤土种植玉米农田土壤墒情评价指标

作物名称	作物生育时期	土层深度（cm）	田间持水量（%）	评价等级					
				过多		适宜		不足	
				重量含量（%）	相对含水量（%）	重量含量（%）	相对含水量（%）	重量含量（%）	相对含水量（%）
玉米	播种出苗期	10	19.86	＞15.89	＞80	11.92～15.89	60～80	＜11.92	＜60
	幼苗期	30	20.46	＞16.37	＞80	12.28～16.37	60～80	＜12.28	＜60
	拔节期	50	19.25	＞15.40	＞80	12.51～15.40	65～80	＜12.51	＜65
	抽穗开花期	50	19.25	＞15.40	＞80	13.48～15.40	70～80	＜13.48	＜70
	灌浆期	60	18.86	＞15.08	＞80	13.20～15.08	70～80	＜13.20	＜70
	成熟期	60	18.86	＞15.08	＞80	11.32～15.08	60～80	＜11.32	＜60

表 6-7 沙壤土种植玉米农田土壤墒情评价指标

作物名称	作物生育时期	土层深度（cm）	田间持水量（%）	评价等级					
				过多		适宜		不足	
				重量含量（%）	相对含水量（%）	重量含量（%）	相对含水量（%）	重量含量（%）	相对含水量（%）
玉米	播种出苗期	10	18.94	＞15.15	＞80	11.36～15.15	60～80	＜11.36	＜60
	幼苗期	30	19.82	＞15.86	＞80	11.89～15.86	60～80	＜11.89	＜60
	拔节期	50	19.35	＞15.48	＞80	12.58～15.48	65～80	＜12.58	＜65
	抽穗开花期	50	19.35	＞15.48	＞80	13.55～15.48	70～80	＜13.55	＜70
	灌浆期	60	18.96	＞15.17	＞80	13.27～15.17	70～80	＜13.27	＜70
	成熟期	60	18.96	＞15.17	＞80	11.38～15.17	60～80	＜11.38	＜60

3. 玉米旱情评价指标体系建立

旱情评价指标是在已经建立了农田土壤墒情评价指标的基础上，通过进一步分析整理已经收集获得的田间持水量、毛管断裂含水量、凋萎含水量、作物需水量和作物受旱表象等相关数据，建立土壤含水量与不同作物缺水表象间的关系。在田间观测试验过程中，已经获得了当土壤含水量不足时作物在不同生长发育阶段生长受阻以至受旱状况的相关资料。同时，监测点作物生长受阻或受旱的植株数量也在一定程度上反映了作物缺水的严重程度和减产水平，因此，监测点作物生长受阻或受旱植株所占监测田块中总株数的比例也是评价指标的确定因子之一。综合分析田间观测试验所获得的资料，即可建立农田旱情评价指标体系。不同作物对土壤水分亏缺的承受能力不同，不同质地土壤的凋萎含水量也不同，因此，每种作物都要按黏土、壤土和沙土 3 种质地建立旱情评价指标体系。

通过连续多年在全市不同土壤类型、不同作物上的田间观察与试验，初步制定了玉米的旱情评价指标体系，结果见表 6 - 8、表 6 - 9、表 6 - 10。

4. 玉米膜下滴灌降水量、灌水量与产量间关系模型构建

为明确赤峰市不同灌水量以及降水量对玉米产量的影响，连续 5 年在敖汉旗、喀喇沁旗、松山区开展玉米膜下滴灌灌水量试验，将多年玉米生育期降水量、膜下滴灌不同灌水量（30m³/亩、60m³/亩、90m³/亩、120m³/亩、150m³/亩）与对应产量三者通过多项式回归分析拟合得二元二次方程：

$$Y = -272.619\,6 + 9.642\,2X_1 + 9.296\,8X_2 - 0.050\,0X_1^2 - 0.024\,8X_2^2$$

式中：Y 为作物产量（kg），X_1 为灌水量（m³/亩），X_2 为降水量（mm）。

根据公式可得，当降水量为 187.5mm、灌水量为 96.4m³/亩时，滴灌条件下玉米产量达最大值，为 1 063.5kg/亩。

根据方程绘制降水量与灌水量互作效应曲面图（图 6 - 4）。

由图 6 - 4 可以发现，膜下滴灌玉米的产量呈现随着降水量和灌水量的增加而先增加后降低的趋势，并且降水量和灌水量明显存在交互作用，随着降水量的增加，灌水量相应可以适当减小，二者合理配合时才能获得高产。

5. 玉米膜下滴灌灌溉制度研究

通过玉米膜下滴灌灌溉定额和降水量分别与水分生产率进行回归分析，结果见表 6 - 11。

表6-8 沙土、沙壤土种植玉米旱情评价指标体系

作物生育时期	墒情旱等级										
	过多		适宜		不足						
					轻旱		中旱		重旱		
	相对含水量(%)	作物表象	相对含水量(%)	作物表象	相对含水量(%)	作物表象	相对含水量(%)	作物表象	相对含水量(%)	作物表象	
幼苗期	>80	幼苗生长缓慢	60~80	苗整齐、生长旺盛	45~60	小苗生长缓慢、苗不齐	35~45	小苗生长缓慢、缺苗断垄	<35	小苗生长不旺	
拔节期	>85	茎秆变红、根系腐烂	60~85	根系深扎、后期生长好	45~60	扎根浅、后期生长不好	35~45	叶片"打绺"，无法正常生长	<35	叶片呈灰色、不能成活	
大喇叭口期	>85	茎秆变红、根系腐烂	60~85	根系深扎、后期生长好	45~60	扎根浅、后期生长不好	35~45	幼穗发育不好、果穗小、籽粒少	<35	叶片呈灰色、不能成活	
灌浆期	>85	茎秆变红、根系腐烂	60~85	根系深扎、生长好、正常灌浆	45~60	扎根浅、生长不好、影响灌浆	35~45	叶片"打绺"，无法正常生长	<35	叶片呈灰色、不能成活	
成熟期	>75	籽粒含水量高	60~75	籽粒饱满	45~60	籽粒含水量相对较低	35~45	籽粒含水量低	<35	籽粒含水量低	

表6-9　轻壤土、中壤土种植玉米旱情评价指标体系

作物生育时期	墒情旱等级										
	过多		适宜		不足						
					轻旱		中旱		重旱		
	相对含水量(%)	作物表象	相对含水量(%)	作物表象	相对含水量(%)	作物表象	相对含水量(%)	作物表象	相对含水量(%)	作物表象	
幼苗期	>75	幼苗生长缓慢	60~75	苗整齐、生长旺盛	50~60	小苗生长缓慢、苗不齐	40~50	小苗生长缓慢、缺苗断垄	<40	小苗生长不旺	
拔节期	>80	茎秆变红、根系腐烂	60~80	根系深扎、后期生长好	50~60	扎根浅、后期生长不好	40~50	叶片"打绺"、无法正常生长	<40	叶片呈灰色、不能成活	
大喇叭口期	>80	茎秆变红、根系腐烂	60~80	根系深扎、后期生长好	50~60	扎根浅、后期生长不好	40~50	幼穗发育不好、果穗小、籽粒少	<40	叶片呈灰色、不能成活	
灌浆期	>80	茎秆变红、根系腐烂	60~80	根系深扎、生长好、正常灌浆	50~60	扎根浅、生长不好、影响灌浆	40~50	叶片"打绺"、无法正常生长	<40	叶片呈灰色、不能成活	
成熟期	>75	籽粒含水量高	60~75	籽粒饱满	50~60	籽粒含量相对较低	40~50	籽粒含水量低	<40	籽粒含水量低	

表6-10 黏土、重壤土种植玉米旱情评价指标

作物生育时期	墒情旱等级									
	过多		适宜		轻旱		不足 中旱		重旱	
	相对含水量(%)	作物表象	相对含水量(%)	作物表象	相对含水量(%)	作物表象	相对含水量(%)	作物表象	相对含水量(%)	作物表象
幼苗期	>70	幼苗生长缓慢	60~70	苗整齐、生长旺盛	55~60	小苗生长缓慢、苗不齐	45~55	小苗生长缓慢、缺苗断垄	<45	小苗生长不旺
拔节期	>75	茎秆变红、根系腐烂	60~75	根系深扎、后期生长好	55~60	扎根浅、后期生长不好	50~55	叶片"打绺"，无法正常生长	<50	叶片呈灰色、不能成活
大喇叭口期	>75	茎秆变红、根系腐烂	60~75	根系深扎、后期生长好	55~60	扎根浅、后期生长不好	50~55	幼穗发育不好、果穗小、籽粒少	<50	叶片呈灰色、不能成活
灌浆期	>75	茎秆变红、根系腐烂	60~75	根系好、正常灌浆	55~60	扎根浅、生长不好、影响灌浆	50~55	叶片"打绺"，无法正常生长	<50	叶片呈灰色、不能成活
成熟期	>70	籽粒含水量高	60~70	籽粒饱满	55~60	籽粒含水量相对较低	45~55	籽粒含水量低	<45	籽粒含水量低

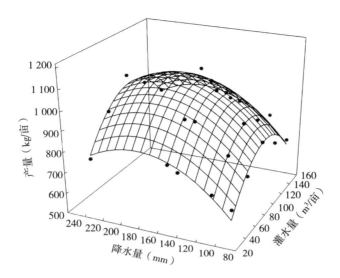

图 6 - 4　降水量与灌水量互作效应曲面图

表 6 - 11　灌溉定额、降水量与水分生产率的函数关系

因素 1	因素 2	函数关系	R^2
灌溉定额	降水量 89.7mm	$y = -0.000\,1x^2 + 0.018\,2x + 1.8$	0.822 4
	降水量 109.6mm	$y = -0.000\,1x^2 + 0.021\,1x + 1.94$	0.940 2
	降水量 144.2mm	$y = -0.000\,1x^2 + 0.019\,6x + 1.88$	0.876 4
	降水量 154.8mm	$y = -0.000\,1x^2 + 0.021\,1x + 1.94$	0.940 2
	降水量 237.4mm	$y = -0.000\,1x^2 + 0.02x + 1.84$	0.814 0
降水量	灌溉定额 30m³/亩	$y = -0.000\,5x^2 + 0.010\,6x + 1.645\,8$	0.709 1
	灌溉定额 60m³/亩	$y = -0.000\,5x^2 + 0.016\,8x + 1.361\,1$	0.744 8
	灌溉定额 90m³/亩	$y = -0.000\,5x^2 + 0.01x + 2.087\,2$	0.742 5
	灌溉定额 120m³/亩	$y = -0.000\,5x^2 + 0.014\,9x + 1.576\,5$	0.686 9
	灌溉定额 150m³/亩	$y = -0.000\,5x^2 + 0.013x + 1.385\,4$	0.776 3

　　通过单因素分析可知，当降水量一定或灌溉定额一定时，水分生产率均随某一因素的升高而呈现先增高后降低的趋势。

　　通过进一步对灌溉定额、降水量两者与水分生产率的关系进行分析，可以建立以下模型：

$$Y = 1.065\,4 + 0.02X_1 + 0.010\,7X_2 - 0.000\,1X_1^2 - 0.000\,3X_2^2$$

式中：Y 为水分生产率（kg/m³），X_1 为灌溉定额（m³/亩），X_2 为降水量（mm）。决定系数 $R^2 = 0.822$，表明两者对玉米水分生产率具有较大影响。模型 F 值检验为 23.085 8，大于置信水平为 0.05 的 F 临界值 0.306，说明模型能够较好地模拟灌溉定额、降水量与水分生产率的关系，并可作为预测依据。

根据方程可得，当降水量为 117mm、灌溉定额为 100m³/亩时，玉米膜下滴灌具有最大水分生产率为 3.16kg/m³。

根据方程绘制降水量与灌溉定额互作效应曲面图（图 6-5）。

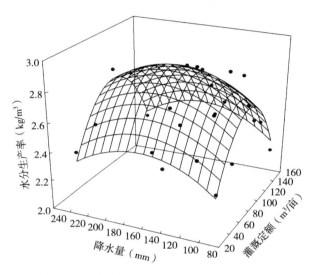

图 6-5　玉米降水量与灌溉定额互作效应曲面图

通过多年多地开展的大量田间试验和对照示范，根据玉米灌溉定额试验、灌水量试验、灌水次数以及水分利用效益确定了玉米膜下滴灌灌溉制度：干播条件下，播种到出苗期滴灌出苗水 1 次，次滴灌量 5～8m³/亩；苗期一般不灌水，进行蹲苗，土壤过于干旱则滴灌一次保苗水，次滴灌量 5～10m³/亩；拔节期滴灌 1 次，次滴灌量 10～15m³/亩；喇叭口期滴灌 2 次，次滴灌量15～20m³/亩；抽穗开花期滴灌 2 次，次滴灌量 15～20m³/亩；灌浆期滴灌 1 次，次滴灌量 15～20m³/亩。全生育期共滴灌 7～8 次，合计滴灌量 95～120m³/亩。具体时间和滴灌量根据土壤墒情、天气和玉米生长状况及特性适当调整，降水量大，土壤墒情好，可不滴灌或少滴灌（表 6-12）。

表 6-12 玉米膜下滴灌灌溉制度

项目	播种到出苗期	苗期	拔节期	喇叭口期	抽穗开花期	灌浆期	合计
土壤适宜含水量（%）	70～75	65～70	70～75	75～80	75～80	70～75	
灌水次数（次）	1	过干旱灌1次	1	2	2	1	7～8
次灌水量（m³/亩）	5～8	5～10	10～15	15～20	15～20	15～20	95～120

注：玉米目标产量为 800kg/亩。

二、施肥制度研究

针对赤峰地区滴灌技术主要应用于玉米的生产实际，重点开展以滴灌施肥制度为核心的膜下滴灌以及玉米膜下滴灌施肥方案的研究，提出了滴灌条件下适宜的施肥技术参数，示范区肥料利用率提高十个百分点以上。

膜下滴灌玉米施肥制度研究。利用多点试验，建立玉米最佳施氮量与土壤全氮测定值、最佳施磷量与土壤有效磷测定值、最佳施钾量与土壤速效钾测定值的函数关系式。建立的函数关系式分别为

施氮量（N，kg/亩）：$y = -7.695\,6\ln x + 13.327$　$R^2 = 0.572$

施磷量（P_2O_5，kg/亩）：$y = -2.890\,8\ln x + 13.027$　$R^2 = 0.475$

施钾量（K_2O，kg/亩）：$y = -6.600\,7\ln x + 35.459$　$R^2 = 0.513$

将土壤养分丰缺指标带入上述函数关系式，求出各级丰缺指标下的经济合理施肥量，将结果列于表 6-13。

表 6-13 膜下滴灌玉米的经济合理施肥量

养分	丰缺程度	丰缺指标	经济合理施肥量（kg/亩）
全氮（g/kg）	极低	<0.49	>16.1
	低	0.49～0.73	16.1～14.0
	中	0.73～1.35	14.0～10.8
	高	1.35～1.65	10.8～9.7
	极高	>1.65	<9.7

（续）

养分	丰缺程度	丰缺指标	经济合理施肥量（kg/亩）
有效磷（mg/kg）	极低	<2.9	>8.2
	低	2.9~6.1	8.2~7.2
	中	6.1~18.9	7.2~5.6
	高	18.9~27.6	5.6~5.1
	极高	>27.6	<5.1
速效钾（mg/kg）	极低	<51	>4.8
	低	51~78	4.8~3.8
	中	78~147	3.8~2.2
	高	147~181	2.2~1.7
	极高	>181	<1.7

　　根据大量氮肥、钾肥不同追施量试验得到玉米膜下滴灌施肥方案（肥料用量参照膜下滴灌玉米的经济合理施肥量）：磷肥、钾肥、锌肥可以结合耕翻或播种（种、肥隔离，穴施或条施）一次性施入；氮肥30%～40%作种肥施入，60%～70%作追肥在玉米拔节期、大喇叭口期、抽穗开花期分别结合灌溉随水分次施入。追肥量参考表6-14。

表6-14　膜下滴灌玉米追肥方案

项目	播种到出苗期	苗期	拔节期	大喇叭口期	抽穗开花期	灌浆期
追肥（kg/亩）			尿素5~8	尿素10~15	尿素10~15，硫酸钾4~6	

三、玉米滴灌水肥耦合技术研究

　　通过膜下滴灌玉米水肥耦合试验，研究水肥一体化条件下，灌水和氮肥配合效果对玉米产量的影响，通过对膜下滴灌玉米水分生产率、氮肥农学效率和产量结果的综合分析和多项式回归方程分析，拟合成二元二次方程：

$$Y = -676.7412 + 35.0972X_1 + 29.9984X_2 - 0.1994X_1^2 - 1.2595X_2^2$$

式中：Y 为产量（kg/亩），X_1 为灌水量（m³/亩），X_2 为施氮量（kg/亩）。决定系数：$R^2 = 0.8854^{**}$。

　　对方程进行求导，可以得出当灌水量为88m³/亩、施氮量为11.9kg/亩时，膜下滴灌玉米达到最高产量 1 046.3kg/亩。

根据方程绘制施氮量与灌水量互作效应曲面图（图 6-6）。

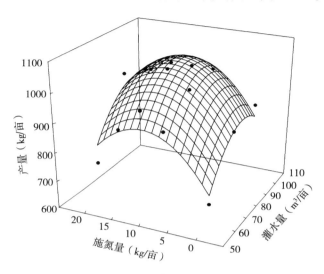

图 6-6　灌水量与施氮量互作效应曲面图

通过图 6-6 可以看出，产量与施氮量和灌水量之间的关系均为先增加后降低的趋势，因此在生产中忌大水大肥，过量灌溉施肥不仅造成资源浪费，还会对产量造成负面影响，要适量灌溉同时配合相应的施肥量才能保障玉米产量。

四、地膜应用及地膜残留污染研究

1. 不同类型地膜对土壤温度的影响

开展不同类型地膜对比试验，选取 7 种不同类型地膜，通过定期测定土壤温度研究不同类型地膜对土壤温度的影响，具体结果见表 6-15。

表 6-15　不同类型地膜对土壤温度的影响

处理	土层（cm）	土壤温度（℃）				
		5月7日	5月26日	6月29日	7月20日	8月15日
普通黑膜	0～20	15.7	24.3	21.8	22.4	23.1
	20～40	15.6	24.0	21.3	22.4	22.9
普通地膜（0.008mm）	0～20	18.1	25.5	22.5	24.2	23.2
	20～40	17.0	25.0	22.4	23.7	23.1

（续）

处理	土层（cm）	土壤温度（℃）				
		5月7日	5月26日	6月29日	7月20日	8月15日
普通地膜	0～20	18.6	25.6	22.2	25.2	23.7
（0.010mm）	20～40	17.1	25.4	22.1	24.1	23.5
普通地膜	0～20	18.8	26.5	22.3	26.4	24.3
（0.012mm）	20～40	17.3	26.0	22.1	25.5	24.0
降解地膜	0～20	17.5	25.7	22.5	25.6	24.4
（0.008mm）	20～40	17.1	24.7	22.1	24.7	24.2
黑白地膜	0～20	16.4	25.0	22.3	24.2	23.7
（0.008mm）	20～40	15.7	24.6	21.9	23.9	23.3
蓝光地膜	0～20	19.4	25.7	22.4	26.0	24.5
（0.010mm）	20～40	18.5	25.6	22.1	25.5	24.5
不覆膜	0～20	16.1	22.3	23.4	22.7	23.5
（对照）	20～40	16.8	22.3	22.8	22.5	23.2

可以看出，幼苗期（5月7日）20cm地温全覆膜处理平均温度（17.8℃）比不覆膜（16.1℃）处理高1.7℃，地温最高的0.010mm蓝光地膜（19.4℃）比最低的普通黑膜（15.7℃）高3.7℃，比0.008mm普通地膜（18.1℃）高1.3℃；40cm地温各处理差距不大，说明蓝光地膜在作物幼苗期更有利于作物生长。苗期（5月26日）20cm地温全覆膜处理平均（25.5℃）比不覆膜（22.3℃）处理高3.2℃，地温最高的0.012mm地膜（26.5℃）比0.010mm蓝光地膜（25.7℃）高0.8℃，比最低的普通黑膜（24.3℃）高2.2℃；40cm地温全覆膜处理平均（25.0℃）比不覆膜（22.3℃）处理高2.7℃；地温最高的0.012mm地膜（26.0℃）比0.010mm蓝光地膜（25.6℃）高0.4℃，比普通黑膜（24.0℃）高2.0℃，说明随着地温的不断升高，地膜越厚保温效果越好。拔节期（6月29日）之后，由于作物植株遮挡了太阳光，地面不能有效地接收太阳光，不同地膜处理和不覆膜处理的地温相差不大。

2. 不同类型地膜对土壤含水量的影响

通过地膜覆盖能够有效阻止土壤水分蒸发，增加土壤含水量，保持土壤墒情。不同类型地膜对土壤含水量的影响不尽相同，通过表6-16可以看

出，幼苗期（5月7日）、拔节期（5月26日）覆膜处理土壤含水量均高于
不覆膜（对照）处理，其中幼苗期 0～20cm 土层 0.010mm 普通地膜土壤含
水量最高，较不覆膜处理高 20.0％；20～40cm 土层 0.010mm 普通地膜和
0.012mm 普通地膜处理的土壤含水量最高为 14.08％，较不覆膜处理提高了
22.3％。在拔节期 0～20cm 土层蓝光地膜处理土壤含水量最高，较不覆膜
提高了 5.4％，在 20～40cm 土层黑白地膜处理土壤含水量最高，较不覆膜
处理提高了 25.3％。在喇叭口期（6月29日），各处理土壤含水量均有所增
加，这是由于6月中旬降雨较为频繁，有效补充了土壤水分，降解地膜处理
和不覆膜处理土壤含水量增加较多，说明降解地膜开始降解后有利于接纳降
雨。在吐丝期（7月20日）0～20cm 土层，0.008mm 普通地膜处理土壤含
水量较不覆膜处理高 16.6％，土壤含水量最大；在 20～40cm 土层，普通黑
膜处理土壤含水量最高。在灌浆期（8月15日），各处理土壤含水量均达到
生育期最低值，主要是由于试验地6月20日后无有效降雨，发生严重旱灾，
降解地膜处理和不覆膜处理土壤含水量最低，说明降解地膜处理在玉米生育
后期发生旱灾的情况下不利于保障玉米产量；其他覆膜处理在 0～20cm 土
层 0.010mm 普通地膜处理土壤含水量最高，在 20～40cm 土层 0.012mm 普
通地膜处理土壤含水量最高。

表 6-16　不同类型地膜对土壤含水量的影响

处理	土层（cm）	土壤含水量（％）				
		5月7日	5月26日	6月29日	7月20日	8月15日
普通黑膜	0～20	12.97	8.84	13.84	11.44	7.58
(0.008mm)	20～40	13.21	10.41	15.42	13.53	7.58
普通地膜	0～20	13.11	9.09	14.02	11.92	7.44
(0.008mm)	20～40	13.22	9.89	15.59	12.12	7.45
普通地膜	0～20	13.88	8.73	13.91	10.84	7.69
(0.010mm)	20～40	14.08	10.9	14.97	11.09	7.66
普通地膜	0～20	13.16	9.45	13.47	9.91	7.62
(0.012mm)	20～40	14.08	10.9	14.92	12.29	7.86
降解地膜	0～20	12.76	8.32	13.42	9.06	6.09
(0.008mm)	20～40	12.89	10.95	15.15	11.94	6.28

（续）

处理	土层（cm）	土壤含水量（%）				
		5月7日	5月26日	6月29日	7月20日	8月15日
黑白地膜	0～20	11.92	9.12	12.32	10.29	6.38
（0.008mm）	20～40	12.38	12.03	15.07	11.04	7.66
蓝光地膜	0～20	12.19	9.35	12.97	10.84	6.29
（0.010mm）	20～40	12.16	10.41	15.47	12.57	6.93
不覆膜	0～20	11.57	8.42	15.4	10.22	5.85
（对照）	20～40	11.51	9.6	17.67	12.07	5.85

整体分析，非降解地膜保水效果要好于降解地膜，但不同厚度地膜间无显著差异。

3. 不同类型地膜对玉米产量的影响

地膜覆盖对土壤温度和湿度均造成了一定的影响，最终会影响作物产量。从不同地膜对玉米产量的影响来看：普通地膜（0.012mm）＞普通地膜（0.010mm）＞普通黑膜（0.008mm）＝蓝光地膜（0.010mm）＞黑白地膜（0.008mm）＞普通地膜（0.008mm）＞降解地膜（0.008mm）＞不覆膜（对照）。蓝光地膜处理比不覆膜处理多产出120kg，增产41.24%。增产最多的普通地膜（0.012mm）增产127kg，增产43.64%。所有地膜处理平均增产107kg，增产36.87%。

4. 赤峰市地膜残留情况

膜下滴灌水肥一体化技术集成了滴灌与地膜覆盖技术，充分发挥了地膜覆盖增温保墒以及滴灌节水节肥等诸多优点，但随着膜下滴灌技术的大面积推广，地膜残留污染问题也日益严重，为此在3个旗县区的4种作物上开展了地膜残留调查。调查结果显示目前赤峰市地膜平均回收率较低，仅为60%，较全国平均地膜回收率降低了20%，地膜残留平均值为5.6kg/亩，较全国地膜平均残留量增加了40.5%。并且不同地区差异较大，这与当地种植习惯有较大关系。其中喀喇沁旗地膜残留最多，达到6.32kg/亩，显著高于松山区和敖汉旗，较所有取样点平均值高22.5%，其次为敖汉旗（4.97kg/亩），松山区地膜残留量最低，为4.18kg/亩，比各样点平均值降低了18.99%（表6-17）。

表 6 - 17 各调查点地膜使用量及残留量

取样地点	覆膜年限（年）	覆膜方式	地膜使用量（kg/亩）	地膜残留量（kg/亩）
松山区	3	行上覆膜	3.2	4.18
	6	行上覆膜	3.0	
敖汉旗	25	行上覆膜	3.0	4.97
喀喇沁旗	3	全覆膜	5.4	6.32
	4	行上覆膜	3.2	

5. 不同覆膜年限地膜残留量比较

由图 6 - 7 可以看出，本次调查中，赤峰市近年来新增覆膜地块的地膜残留量年平均增长量明显高于覆膜时间长的地块，且随着覆膜年限的延长，地膜残留量年平均增长量呈明显的递减趋势。覆膜 5 年的地膜残留年平均增长量是连续覆膜 6～15 年的 1.5 倍，是连续覆膜 20～30 年的 5.7 倍。

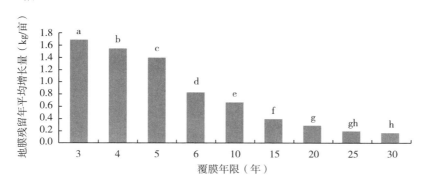

图 6 - 7 不同覆膜年限地膜残留年平均增长量变化

6. 不同土层地膜残留量分布

通过对不同覆膜年限进行划分（$0 < L \leqslant 5$、$5 < L \leqslant 10$、$10 < L \leqslant 15$、$15 < L \leqslant 20$、$20 < L \leqslant 25$、$25 < L \leqslant 30$）研究地膜残留在不同土层分布的特征，农田残膜主要以碎片的形式分布于不同土层，且随着覆膜年限的延长分布层次逐渐下移。0～30cm 土层地膜主要残留在 0～10cm 土层，占总残留量的 59%～62%；其次为 10～20cm 土层，占总残留量的 30%～34%；20～30cm 土层地膜的残留量较少，不到总残留量的 10%（图 6 - 8）。

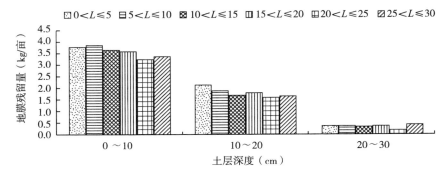

图 6-8　不同耕作层土壤地膜残留量

第四节　赤峰市水肥一体化技术模式

一、赤峰市水肥一体化技术内容及技术路线

1. 技术内容

针对赤峰市干旱缺水、基础设施差、生态环境脆弱、先进技术应用率低等问题，以滴灌系统工程理论为指导，主要开展滴灌生产模式下灌溉施肥以及优良品种、高垄种植、测土配方施肥、机械化生产、病虫草害综合防治等配套综合增产技术集成研究，为赤峰市节水灌溉技术的大面积推广应用提供有效技术支撑。同时开展水肥一体化相关新技术、新设备的研发、应用和推广。

2. 技术路线

滴灌水肥一体化技术的核心是灌溉施肥，灌溉主要是开展灌溉定额、灌水量试验并结合作物需水规律、土壤墒情监测以及降水量等参数，确定滴灌条件下灌溉量次对作物产量的影响，并制定最佳灌溉制度；施肥主要是依托测土配方施肥技术，开展肥料效益试验，计算肥料利用率、农学效率等参数，然后根据作物养分需求规律、土壤养分测试等确定水肥一体化技术最佳施肥制度。同时还集成了高产栽培配套技术，主要包含土壤地力监测与培肥、土壤墒情与旱情监测预报、全程机械化、选用良种、合理密植、地膜覆盖与回收、病虫害综合防治等技术措施的示范推广。

3. 配套技术

根据农业生产需求，准确把握技术研究的内容和重点，联合科研和滴灌设备生产以及肥料企业人员，选择典型地域及典型作物，通过开展膜下滴灌田间小区梯度对比试验和大区对照矫正示范，采集相关试验示范数据，并进行室内化验和数据分析归纳总结，逐步建立完善适宜生产应用的关键技术及集成模式，并开展相关配套技术措施的示范研究，形成集成综合配套技术模式。指导农民开展各项技术推广示范，主要开展了滴灌水肥一体化、机械化作业、选用良种、测土配方施肥、墒情监测、病虫害综合防治等技术。

（1）滴灌水肥一体化

滴灌水肥一体化可以有效提高水、肥、耕地的利用率，是高效、低耗的种植模式，滴灌实现了精准灌溉和可控施肥，灌溉时仅湿润作物根系，属于局部灌溉，减少了水分流失和深层渗漏。肥料仅作用于作物根系周围，利用率明显提高。

（2）机械化作业

机械化作业是现代化种植技术的标志，只有实现了机械化种植才能将劳动力从农田解放出来，才能实现规模化种植，并确保农业生产的标准化和精准化，是高产高效的基础。

（3）选用良种

优良品种的应用示范证明，良种良法配套可以增产 50％以上，同时使商品性状大幅提高。相关研究表明，玉米包衣籽粒，不但发芽率高、植株密、产量好，而且发病率明显降低，优良品种的推广意义非常重大，得到了广大农民的认可。

（4）测土配方施肥

配方施肥是调节和解决农田土壤肥料供需矛盾的主要技术手段，有针对性地补充作物生长需要的营养元素，实现了真正的缺什么补什么，既满足作物生长需要，又提高了肥料利用率和减少了肥料用量，同时提高了作物产量，改善了作物品质。

（5）墒情监测

墒情监测是指通过定点、定期的土壤水分测定和自然生产条件、农业生产管理、作物表象观测记载等，及时了解作物根系活动层土壤水分状况、土壤有效水分含量，掌握土壤水分动态变化规律，了解降水、灌溉及土壤水分变化与农业生产之间的关系，进而为农业生产的抗旱减灾和提高水资源生产效率提供科学依据。通过墒情监测不但可了解作物当前水分需求和土壤水利用状况和是否因土壤水分不足而影响作物正常生长，还可了解大气干旱与土壤干旱的相关规律、旱灾发生的趋向和程度及不同农业技术对土壤水分的蓄、保、用的调控作用及对作物的影响。

（6）病虫害综合防治

病虫害综合防治是现代农业生产的需求，以"预防为主，综合防治"为原则，以农业防治措施为基础，创造一个适合作物生长、不利于病虫害发生的生态环境。优先采用生物防治技术，加强农用抗生素、微生物杀虫杀菌剂的开发应用，保护利用各种昆虫天敌，科学使用农药。

二、玉米水肥一体化技术模式

1. 玉米需水特性

玉米是需水较多的作物，从种子发芽、出苗到成熟的整个生育期，除了苗期应适当控制水分进行蹲苗外，拔节—成熟期必须适当满足玉米对水分的需求，这样才能使其正常生长发育。因此，必须根据降水情况和土壤墒情及时灌溉或排水，使玉米在各个生育时期处在适宜的土壤水分条件下，同时配合其他技术措施，促进玉米高产稳产。

（1）玉米不同生育时期对水分的需求

玉米不同生育时期对水分的需求不同。生育期前期植株矮小，地面覆盖不严，田间水分的消耗主要是棵间蒸发。生育中期、后期植株较大，由于封行，地面覆盖较好，土壤水分的消耗以叶面蒸腾为主。在整个生育过程中，应尽量减少棵间蒸发，降低土壤水分消耗。玉米各生育时期的需水情况见表6-18。

表6-18　玉米各生育时期的需水情况

生育时期	需水量（m³/亩）	占总需水量百分比（%）	天数（d）	平均每日需水量（m³/亩）
播种—出苗期	7.5	3.07	8	0.94
出苗—拔节期	43.3	17.75	23	1.88
拔节—抽穗期	72.2	29.60	25	2.89
抽穗—灌浆期	33.6	13.78	10	3.69
灌浆—蜡熟期	76.7	31.45	26	2.95
蜡熟—收获期	10.6	4.35	11	0.96
合计	243.9	100.00	103	2.37

（2）影响玉米需水量的因素

玉米需水量变化幅度很大，影响玉米需水量的因素比较复杂，例如品种、气候因素和栽培条件影响着玉米棵间蒸发和叶面蒸腾，从而使需水量发生变化。根据各种影响玉米需水量的因素，玉米需水量的变化主要是内因和外因综合作用的结果。要以最低的用水量获得最高的产量，必须充分掌握玉米品种特性和各生育时期的环境条件变化，采取有利于保蓄水分、减少蒸发的农业技术措施，结合灌溉排水，充分满足玉米整个生育期对水分的需求，达到经济用水、合理用水、提高产量的目的。

2. 玉米需肥特性

玉米是需肥较多的作物。生产实践中要在重视施用氮肥、磷肥、钾肥的前提下充分考虑中量元素和微量元素的作用，注意养分平衡。了解玉米的需肥规律、掌握正确的施肥技术是获得玉米高产的重要措施。

在确定玉米需肥量时主要考虑以下几个因素：

（1）产量水平

玉米在不同产量水平条件下对矿质营养的吸收存在一定差异。一般随着产量水平的提高，单位面积玉米的养分吸收总量也提高，但形成100kg籽粒所需的氮、磷、钾量却呈下降趋势。相反，在低产水平条件下，形成100kg籽粒所需的养分量会增加。

（2）品种特性

不同玉米品种间矿质元素的需要量差异较大。一般生育期较长、植株高大、适于密植的品种需肥量大，反之需肥量小。

（3）土壤肥力

肥力高的土壤速效养分供应能力较强，因而植株对氮（N）、磷（P_2O_5）、钾（K_2O）的吸收总量要高于低肥力土壤，而形成100kg籽粒所需氮（N）、磷（P_2O_5）、钾（K_2O）的补充量却低于低肥力土壤，说明培肥地力是获得高产和提高肥料利用率的重要保证。

（4）施肥

一般产量水平随着施肥量的增加而提高，形成100kg籽粒所需的氮（N）、磷（P_2O_5）、钾（K_2O）的量也随着施肥量的增加而提高，肥料的养分利用率相对降低。

3. 玉米各生育时期对氮、磷、钾元素的吸收

出苗—乳熟期玉米对氮、磷、钾的吸收积累量随着植株干重的增加而增加，而且钾的快速吸收期早于氮和磷。

从不同时期的三要素累计吸收百分率来看，苗期为0.7%～0.9%，拔节期为4.3%～4.6%，大喇叭口期为34.8%～49.0%，抽雄期为49.5%～72.55%，授粉期为55.6%～79.4%，乳熟期为90.2%～100%。玉米抽雄以后吸收氮、磷的量均占50%左右。因此，要想玉米高产，除要重施穗肥外，还要重视粒肥的供应。

从玉米每日吸收养分百分率来看，氮、磷、钾吸收强度最大的时期是拔节—抽雄期（即以大喇叭口期为中心的时期），日吸收量为全生育期吸收总量的1.83%～2.79%。在这一阶段，干物质积累只有1/3左右，氮累计吸收量占全生育期的46.5%，磷累计吸收量占44.9%，钾累计吸收量占68.2%。可见，这一时期的养分供应状况对玉米产量的形成极为重要，此期重施穗肥，保证养分的充分供给是非常重要的。此外，在授粉—乳熟期，玉米对养分保持较高的吸收强度（日吸收量占一生吸收总量的1.14%～2.03%），这个时期是产量形成的关键期。对籽粒中氮、磷、钾的来源进行分析，籽粒中的三要素约有60%是由前期器官积累转移过来的，约有40%是后期由根系吸收的。这进一步证明，玉米施肥不但要打好前期的基础，还要保证后期养分的充分供应。

4. 灌溉制度的确定

灌溉制度是以当地正常年份的降水量、降水规律和玉米各生育时期需水量为依据来计算的，一般需要多次进行大量的灌溉试验，没有试验资料的，参照气象、土壤条件相近地区的研究试验结果确定。在实际生产中，灌水次数、灌水日期和灌溉定额要根据降水和土壤墒情的变化进行调整。

玉米不同生育时期对水分的需求不同，适宜的土壤相对含水量为播种—出苗期70%、出苗—拔节期65%～70%、拔节—抽雄期70%～75%、抽雄—开花期75%～80%、灌浆期70%～75%，土壤相对含水量降到下限值时应进行灌溉。农民用手抓捏10～30cm泥土使之成团进行判断，摔到地面散开应灌水，不散开不用灌水。具体时间和滴水量根据土壤墒情、天气和玉米生长状况适当调整，降水量大、土壤墒情好，可不滴水或少滴水。

5. 施肥制度的确定

按照养分平衡和少量多次的原则制定施肥制度,综合考虑土壤养分含量、作物需肥特性、目标产量、肥料利用率、施肥次数、施肥方式等,确定作物全生育期的总施肥量、每次施肥量及养分配比、施肥时期、肥料品种等。

坚持"有机肥和无机肥并重,氮肥、磷肥、钾肥及微肥密切配合"的原则,配方施肥、以产定肥。通过增施农家肥达到提高土壤肥力、增加产量的目的。

农家肥结合耕翻施入;磷肥、钾肥、锌肥可以结合耕翻或播种(种、肥隔离,穴施或条施)一次性施入。氮肥30%~40%作种肥施入,60%~70%作追肥结合灌溉随水分次施入;钾肥也可以选择70%在播种时施入,30%在中后期随滴灌一并施入。

追肥时期、次数和数量要根据玉米需肥规律、地力基础、施肥数量、基肥和种肥施用情况以及生长状况确定。结合灌水将追肥一起施入,灌溉施肥(水肥一体化)的操作方法如下:追肥前先滴清水20~30min,再加入肥料;追肥完成后再滴清水30min,清洗管道,防止堵塞滴头。追肥时要掌握剂量,首先计算每个轮灌区的施肥量,然后开始追肥。追肥一般采用压差式施肥罐法或泵吸法。追肥时先打开施肥罐的盖子,加入肥料,一般固体肥料加入量不应超过施肥罐容积的1/2,然后注满水,并用木棍搅动,使肥料完全溶解;提前溶解好的肥液或液体肥料的加入量不应超过施肥灌容积的2/3,然后注满水;加好肥料后,盖上盖子并拧紧,打开施肥罐水管连接阀调整出水口间开度,开始追肥。每罐肥一般需要20min左右追完。

制定灌溉施肥制度的主要原则是肥随水走、少量多次、分阶段拟合。灌溉制度将肥料按灌水时间和次数进行分配,对作物全生育期的灌水定额、灌水周期、一次灌溉延续时间、灌水次数与作物全生育期需要投入的养分量及各种养分比例、作物各生育时期所需养分量及其比例等进行拟合,制定灌溉施肥制度。

赤峰市春玉米各生育时期不同滴灌模式灌溉施肥制度见表6-19。

表 6 - 19　赤峰市春玉米各生育时期灌溉施肥制度

生育时期	灌溉次数（次）	灌水量（m³/亩）	施肥养分量（kg/亩）				备注
			N	P₂O₅	K₂O	N+P₂O₅+K₂O	
播种期	0	0	2.60～6.75	4.00～12.60	1.75～3.00	8.40～22.40	沟施
苗期	1	5～10					
拔节期	1	10～15	0.72～2.16	0.12～0.36	0.12～0.36	0.96～2.88	滴施
抽穗开花期	2	15～20	1.44～4.32	0.24～0.72	0.24～0.72	1.92～5.76	滴施
灌浆期	2	15～20	0.24～0.72	0.04～0.12	0.04～0.12	0.32～0.96	滴施
全生育期	5～7	80～150	5.00～13.95	4.40～13.8	2.15～4.20	11.60～32.00	

有机肥撒施后翻耕；化肥中的磷肥、钾肥结合耕翻或播种（种、肥隔离，穴施或条施）一次性施入。氮肥总量的 30%～40% 作种肥施入，60%～70% 作追肥结合灌溉随水分次施入，微肥可作底肥也可随滴灌滴施。

6. 玉米滴灌水肥一体化技术要点

（1）选地整地

选择地势平坦、土层深厚、土质疏松、肥力中上、土壤理化性状良好、保水保肥能力强、有灌溉条件的地块。

整地是为了给春玉米创造一个比较适合的耕层结构，要水、肥、气、热状况适宜，实施松、翻、耙结合，翻深 20～30cm，做到"上虚下实无根茬、地面平整无坷垃"，翻后耙耱镇压保墒。

（2）品种选择及种子处理

根据气候条件和栽培条件，选用高产、优质、适应性及抗病性强、比露地栽培生育期长 7～10d、比露地栽培有效积温高 100～300℃的品种。同时要求该品种株型紧凑、茎节间粗短、适宜密植、后发性强、不早衰、抗倒伏。

精选种子后进行包衣，包衣剂内含杀虫剂、杀菌剂与微量元素，种子包衣是预防地下害虫、玉米瘤黑粉病、玉米丝黑穗病发生的有效方法。对未包衣的种子，播前要进行精选，剔除破粒、病斑粒、虫食粒及其他杂质，精选后要求种子纯度在 99% 以上、净度在 98% 以上、发芽率在 95% 以上、含水量不高于 14%。

（3）施肥

亩施优质腐熟农家肥 2 000～3 000kg，起垄前均匀撒在地表。种肥一般施用磷酸二铵 20～25kg、硫酸钾 5～10kg、硫酸锌 1.0～1.5kg，或施玉米专用肥 60kg。追施氮肥可以施用小颗粒尿素，钾肥选用粉末状硫酸钾，或者选用市面上正规厂家生产的大量元素水溶肥料，也可以配合含腐植酸（氨基酸）水溶肥料施用。

（4）播种时间

玉米膜下滴灌种植，由于覆膜增温，播期可比当地不覆膜品种提前 5～7d。一般土壤耕层 10cm 土壤温度达到 7～8℃播种，一般中早熟区、中熟区以 4 月播种为宜，中晚熟区以 4 月中旬播种为宜。浅埋滴灌区要时刻关注地温回升状况以便及时进行播种。

（5）种植密度

一般亩播苗 5 000～5 500 株，积极推广精量播种，实行大小垄种，为方便机械作业，主推 120m 种植带型，大垄宽 80cm、小垄宽 40cm，株距 22～25cm，构建适宜的群体结构。

（6）地膜选用

地膜最好选用可降解地膜、抗拉伸地膜等环保膜。厚度为 0.01mm 以上，膜宽为 90～110cm。

（7）机械播种

选用玉米滴灌多功能联合作业播种机，施肥、播种、打药、铺带、覆膜、覆土一次性完成。开始作业前，按规定的播种密度、播种深度调整好机具，装好滴灌带、地膜、种子、化肥和除草剂；先从滴灌带卷上抽出滴灌带一端，固定在地头垄正中间，然后从地膜卷上抽出地膜端头放在地头，两侧用土封好，然后开始作业，每隔一定距离（3～4m）压一条土带，以免大风将地膜掀开。作业过程中，机手和辅助人员要随时检查和观察作业质量与工作情况，发现问题应及时处理，做到播种深浅一致、不漏播、不重播、减少空穴，做到行直、行距准确均匀。

（8）化学除草

在播种玉米的同时于土壤表面喷洒除草剂一次，一般选用广谱性、低毒、残效期短、效果好的除草剂。如乙阿合剂，即每公顷用 40% 的阿特拉津胶悬剂 3.0～3.5kg 加乙草胺 2kg；也可以用进口的甲草胺及二甲戊灵，对水 500kg 喷施。

（9）苗期管理

苗期管理的重点是促进根系发育、培育壮根，实现苗早、苗全、苗齐、苗壮。播种后及时检查出苗情况，及时放苗、定苗，放出壮苗、没病的苗，防止捂苗、烤苗。放苗后用湿土压严放苗口，并及时压严地膜两侧，防止大风揭膜。个别缺苗现象可采取留双株措施加以弥补，严重缺苗时应及时补种补栽。

（10）中期管理

中期管理的重点是保证水肥供应，实现秆壮、穗大、粒多。玉米开花到成熟的需水量占全生育期的 50%～55%，抽穗—开花期玉米对水分敏感，一定要保证玉米的水肥供应，土壤相对含水量宜保持在 75%～80%。在开始拔节和进入大喇叭口期时分别随灌水追施拔节肥和孕穗肥。后期不应停水过早，植株只要青绿就要保持田间湿润。在大喇叭口期喷施生长调节剂和微肥，可以防倒伏、提高产量。

（11）病虫害防治

坚持"预防为主，综合防治"的方针，以农业防治为基础，兼顾物理防治、生物防治和化学防治。主要防治玉米螟。

物理防治：释放赤眼蜂，在一代螟始见卵时开始释放赤眼蜂，每亩20 000头，分两次释放，第一次释放 5d 后第二次释放。关键是掌握放蜂时机。

化学防治：每亩用 95% 敌百虫晶体 1 000～1 500 倍液、三唑磷微乳剂 50mL 对水 40～50kg、80% 氟虫腈（锐劲特）水分散粒剂 3g 心叶喷雾。

（12）收获

蜡熟后期果穗苞叶开始松散、籽粒内含物硬化时，将果穗剥皮晾晒，减少水分，并适当晚收，促进籽粒饱满，籽粒表面有鲜明光泽时即可收获。

三、马铃薯水肥一体化技术模式

1. 选地

马铃薯是需要深耕的作物，只有耕层土壤松软，才有利于根系发育、块茎膨大。一般膜下滴灌种植马铃薯选择地势平坦、耕层深厚、肥力中上、土壤理化性状良好、保水保肥能力强的地块，不宜选择陡坡地、石砾地、盐碱地、瘠薄地等。要避免连作和与茄科作物轮作。

2. 整地

3 年深耕或深松一次，深度为 25～30cm。要求按照"秋耕（翻）宜深、春耕（翻）宜浅"的原则进行耕翻，以利于土壤蓄水保墒。一般要求 2 年或 3 年轮作一次。

3. 施肥

按照有机肥与无机肥相结合的原则安排肥料施用。通过增施农家肥和商品有机肥提高土壤肥力、增加产量、改善品质。根据目标产量和土壤养分测试结果，按照每生产 1 000kg 马铃薯块茎需氮（N）5kg 左右、磷（P_2O_5）2kg 左右、钾（K_2O）9kg 左右计算化肥施肥量。

种肥施用磷酸二铵、尿素或配方肥等；追肥施用尿素、硫酸钾、水溶性肥料或液体肥料等。具体施用方法：农家肥结合翻耕施入；磷肥作为种肥一次性施入；氮肥、钾肥 50％～60％作种肥施入，40％～50％作追肥结合灌溉随水分次施入。追肥前期以氮肥为主，后期以钾肥为主。

4. 选用良种及种薯处理

根据无霜期长短选择中早熟品种，选用优质脱毒种薯，级别为原种、一级或二级，要求薯块完整、无病虫害、无伤冻、薯皮洁净、色泽鲜艳，按 2 250kg/hm² （150kg/亩）预备种薯。

晒种：将种薯提前 15d 出窖，首先淘汰环腐病、软腐病、晚疫病及病毒病薯块。将健壮薯放在室内 13～15℃ 条件下催芽，堆放高度以 20cm 为宜，一般 10～15d 可催出短芽，3～5d 翻 1 次，当薯芽伸出 0.5～1.0cm 时，晒种 5d，白芽变绿即可切块播种。

切块：种植前 2～3d 对种薯按芽切块，应尽量采用平分顶部芽的方法切块，薯块重量不低于 30g，每个薯块保证不少于 2 个芽眼。

消毒：切块时应注意细菌性病毒病，特别是环腐病的切具传染，一旦发现有病薯应及时对切具用 0.5％高锰酸钾消毒，或在食盐水中煮沸消毒。

拌种：切块后的种薯用 40％甲醛稀释 200 倍的溶液或 0.5％～1.0％硫脲喷洒，混合均匀后，用薄膜覆盖闷种 2h，然后平铺摊开，通风晾干后播种。或者选用甲基硫菌灵和滑石粉进行表面处理。

5. 施肥情况

根据测土配方施肥技术要求，依据马铃薯的需肥规律、土壤供肥能力和肥料效应、目标产量综合分析马铃薯的施肥量。膜下滴灌马铃薯施肥以基肥和种肥为主，以追肥为辅。种肥一般施用磷酸二铵、尿素或配方肥等；追肥用尿素、硫酸钾等。用法：结合翻耕施入农家肥，一般为 2 000～3 000kg/亩；氮肥、钾肥 60%～70% 作种肥，30%～40% 作追肥，磷肥作种肥一次性施入。追肥前期应以氮肥为主，后期以钾肥为主。种肥一般亩施马铃薯配方肥 60～70kg。

6. 播种时期

马铃薯的播种应该遵循 3 条原则：①薯块形成膨大期与当地雨季吻合，同时应避开当地高温期，以满足对水分和温度的要求。②根据品种的生育时期确定播种期，晚熟品种应比中熟早熟品种早播，未催芽种薯应比催芽种薯早播。③根据当地霜期来临的早晚定播种期，以便躲过早霜和晚霜的危害。结合当地降水和气温情况，一般土壤 10cm 地温稳定在 8℃ 左右时即可播种。

7. 种植密度

膜下滴灌采用大小垄种植，大行距为 70cm，小行距为 40cm，株距为 30～35cm，亩株数为 3 400～4 000 株。

8. 播种方式

马铃薯膜下滴灌播种、铺管使用播种覆膜铺管一体机一次性完成。

9. 灌溉

马铃薯灌水标准：播种—现蕾前（芽条生长、幼苗生长期），0～30cm 土壤相对含水量保持在 65% 左右；现蕾—终花期（地下块茎形成—膨大期），0～30cm 土壤相对含水量保持在 75%～80%；终花期—叶枯萎（淀粉积累期），0～30cm 土壤相对含水量保持在 60%～65%。

根据马铃薯需水规律和马铃薯种植区域的降水情况，在常年降水量的基础上，膜下滴灌马铃薯全生育期灌溉定额一般为 120～140m。

10. 滴灌带

根据土质和地形情况，滴灌带铺设长度一般为 60～120m，沙性土壤应选择滴头流量大的滴灌带，黏性土壤应选择滴头流量小的滴灌带。

11. 追肥

膜下滴灌马铃薯追肥需选用易溶肥料。肥料品种以氮肥和钾肥为主，微肥多追锌肥和硼肥。追肥方法：前期以氮肥为主，后期以钾肥为主，遵循少量多次原则。施肥前先滴 0.5h 清水，再加入肥料，肥料滴完后再滴 0.5h 清水清洗管道。可视苗情、长势做适当调整。

膜下滴灌马铃薯一般追施尿素 30～40kg/亩、硫酸钾 10～15kg/亩，具体灌溉施肥制度见表 6-20。

表 6-20 马铃薯灌溉施肥制度

灌水次数（次）	生育时期	灌水量（m³/亩）	施肥量（占追肥总量百分比,%）	
			氮（N）	钾（K₂O）
1	苗期	5～10		
2	苗期—块茎形成期	10～15	20	5
3	块茎形成期	15～20	40	40
4	块茎形成—块茎膨大期	15～25	20	20
5	块茎膨大期	15	10	20
6	块茎膨大期	15	10	15
7	块茎膨大—淀粉积累期	10		

12. 查苗补苗

苗基本出齐后检查田间出苗率，发现缺苗断垄要坐水移植补齐全苗，保证亩株数。

13. 病虫害防治

马铃薯要重点防治早疫病、晚疫病、软腐病等真菌、细菌病害以及黑痣病等土传病害，同时要预防和灭杀蚜虫等地上虫害。商品薯一般整个生育期打药 3～6 次，具体根据实际情况确定。

14. 收获

马铃薯生育期结束、茎叶枯萎时收获。收获时，有条件的农户可将滴灌带收起来，翌年继续使用。

四、大豆水肥一体化技术模式

1. 大豆必需的矿质元素

大豆是需肥较多的作物，对氮、磷、钾三要素的吸收一直持续到成熟期，形成相同产量的大豆所需的三要素比禾谷类作物多。所需营养元素种类全，大豆除吸收氮、磷、钾三要素外，还吸收钙、镁、硫、氯、铁、锰、锌、铜、硼、钼等多种营养元素。

2. 大豆的需肥量

对国内外的 14 份资料进行统计可知，大豆产量水平在 1 339.5～4 030.5kg/hm²，每生产 100kg 籽粒需吸收 N 6.27～9.45kg、P_2O_5 1.42～

2.6kg、K_2O 2.08～4.90kg（平均为 7.99kg、1.93kg、3.52kg）；如果按每公顷产量为 3 300～4 030.5kg（这个产量水平是我国目前能达到的）进行统计，每生产 100kg 籽粒需吸收 N 8.71（8.10～9.35）kg、P_2O_5 2.10（1.64～2.47）kg、K_2O 2.08～4.90kg。

据内蒙古农业大学研究，在田间条件下，当大豆产量水平在 3 000～3 180kg/hm² 时，每生产 100kg 籽粒需吸收 N 8.32kg、P_2O_5 2.2kg、K_2O 3.2kg。此数据与国内外研究的结果基本吻合，可作为内蒙古地区指导大豆施肥的依据。其他地区应根据产量水平、品种特性、施肥量、土壤肥力等进行适当调整。

3. 大豆根瘤菌的固氮作用

一般生产条件下，根瘤固氮能供给大豆氮需要量的 30% 左右，适宜条件下可供给 70%～80%。美国学者研究发现，大豆根瘤菌每固定一个氮分子需 15 个三磷酸腺苷分子。因此当土壤养分不足时，大豆与根瘤菌之间会竞争养分，影响共生关系，所以施肥不单纯是供给寄主营养，还能促进根瘤菌发育，改善大豆与根瘤菌的共生关系，提高大豆产量。

4. 大豆对氮、磷、钾的吸收

大豆对氮、磷、钾的吸收积累从出苗到籽粒成熟随植株干重的增加而增加，且对钾的吸收稍快于氮和磷。内蒙古农业大学研究发现，大豆不同生育时期三要素积累百分率不同，苗期为 2.21%～3.34%，分枝期为 6.62%～8.92%，开花期为 19.73%～22.19%，结荚期为 47.8%～52.92%，鼓粒期为 77.08%～80.12%，成熟期为 10%。由此可见，大豆吸收三要素有两个快速增长期，前一个快速增长期为花芽分化期，从分枝到开花的 20d 左右，三要素吸收量占总吸收量的 20%～25%。第二个快速增长期是开花—鼓粒期，在生长的 45d 左右，氮、磷、钾三要素吸收量分别占总量的 57.35%、58.86% 和 58.48%，是三要素吸收量最大的时期。

5. 大豆的需水规律

大豆是需水较多的作物，每形成 1g 干物质，消耗水分 600～1 000mL，比小麦、谷子、高粱等禾谷类作物高 4～10 倍。单株一生需水 17.5～30.0L。随着产量的提高，水分利用率提高。相同气候条件下，土壤肥力高、合理密植，大豆生长旺盛，光合作用效率高，干物质积累多，每形成 1kg 籽粒的需水量较低（表 6 - 21）。

表 6－21 大豆籽粒产量与耗水量

籽粒产量（kg/hm²）	耗水量（m³/hm²）	每千克籽粒耗水量（m³）
1 317.0	3 690	2.80
2 467.5	3 870	1.56
3 012.0	4 350	1.44
3 619.5	5 100	1.41
3 703.5	6 375	1.72

由于大豆群体结构及各生育时期的生理特点不同，各生育时期需水量也不同。总的趋势是生育前期需水最少，生育中期最多，生育后期减少。

（1）出苗期

播种到出苗期需水量占总需水量的 5％。种子萌发需水量为种子重的 1.0～1.5 倍，土壤相对含水量达 70％时有利于出苗，土壤相对含水量低于 55％或超过 80％时出苗率降低。

（2）苗期

苗期需水量占总需水量的 13％。该期根系生长较快，茎叶生长较慢，叶面积较小，株间土壤蒸发量大，适宜的土壤相对含水量为 60％～70％。当土壤相对含水量不低于 50％时，不必灌溉。苗期适当干旱有利于扎根，形成壮苗。如果土壤水分过多，土壤温度低，茎基节间伸长，根系沿浅层土壤扩展，后期容易倒伏、花荚脱落增多。

（3）花芽分化期

花芽分化期需水量占总需水量的 17％。由于该期营养生长与生殖生长并进，植株需要大量水分，最适宜的土壤相对含水量为 70％～80％。干旱或水分过多都会影响花芽分化，导致严重减产。若水分含量过高，应进行深松散墒，促进水分下渗，使土壤增温、透气。

（4）开花—结荚期

开花—结荚期对水分敏感，需水量占全生育期需水量的 45％，是需水临界期。此时气温高、蒸腾量大，每小时的蒸腾量能超过植株的含水量，每株大豆每日吸水量可达 500mL 以上，光合作用强，代谢旺盛，适宜的土壤相对含水量为 80％。如果水分不足，叶片的气孔就会关闭，蒸腾受阻，减少对二氧化碳的吸收，生长发育受抑制，严重时植株萎蔫，花、荚脱落。如果水分过多也会影响大豆生长发育，主要是使植株旺长、过早郁闭、光合产物不足，营养体与花荚争夺养分也会导致花荚脱落。

（5）鼓粒—成熟期

需水量占全生育期需水量的 20%。该期营养生长停止，生殖生长旺盛，籽粒干物质积累较多，仍是需水较多的时期，适宜的土壤相对含水量为 70%。鼓粒初期干旱，会形成空瘪粒，鼓粒后期干旱，粒重降低。水分充足有利于加速鼓粒，确保粒大饱满。如果土壤水分过多，会使侧根与根部早衰、成熟期延迟、产量降低。

6. 大豆浅埋滴灌技术要点

（1）整地

选择地势平坦、土层深厚、保水保肥能力强、具有滴灌条件、不重茬和迎茬的适宜茬口地块。深松或深翻 30cm 以上，打破犁底层。深松、深翻后适时耙地，做到深浅一致、地平土碎。

（2）种子准备

根据当地有效积温条件选择通过国家、省级审定，适合当地生态类型的优质大豆品种。播前进行机械或人工精选，剔除破粒、病斑粒、虫食粒和其他杂质，精选后的种子要籽粒饱满，种子纯度在 98% 以上、净度在 99% 以上、发芽率在 85% 以上、含水率 ≤12%（高寒地区 ≤13.5%）。播种前将精选后的种子用大豆种衣剂按照药种比 1∶（70～80）进行包衣，包衣后阴干。

（3）播种

5cm 以上土壤温度稳定通过 10℃ 时即可播种。选用大豆大垄密植浅埋滴灌专用精量播种机一次性完成播种、施肥、铺设滴灌带、镇压等作业。播种量为每亩 4～5kg。镇压后播种深度为 3～4cm。

（4）种肥施用

采用测土配方施肥技术施肥。一般每亩施用磷酸二铵 8～9kg、尿素 3～4kg、硫酸钾 2～3kg，或施用含相应养分的大豆专用肥。

（5）管网连接及滴灌

播种后，将毛管、支管、主管和首部连通。土壤墒情不足时进行苗前滴水 1 次，滴水量为每亩 20～30m³，保证出苗所需水分。在大豆开花期和结荚期，根据土壤墒情灌水 2～3 次，每次灌水量为 20～30m³/亩。

（6）化学除草

土壤封闭除草：在春季土壤墒情和气候条件较好的情况下，采取播前或播后苗前土壤处理，每亩用 48％氟乐灵乳油，播前 5～7d 施药，喷药后 1～2h 内混土。有机质含量≤30g/kg 的地块，每亩用药量为 60～110mL，有机质含量＞30g/kg 的地块，每亩用药量为 110～140mL，对水 25kg 喷施。

苗后除草：在杂草 3～4 叶期，每亩用 10.8％精喹禾灵乳油 50～75mL＋48％排草丹水剂 150～200mL，或用 25％氟磺胺草醚乳油 120mL＋12.5％烯禾啶乳油 125～150mL，对水 15～25kg 叶面喷施。喷施应选择晴天，气温在 13～27℃，空气湿度大于 65％，风速小于 4m/s，6：00—10：00或16：00—20：00。

（7）中耕

苗齐后和封垄前分别中耕 1 次，实现垄沟深松，作业深度在 25cm 以上。

（8）叶面追肥

开花期每亩用尿素 0.3kg＋磷酸二氢钾 100～150g＋多元素叶面肥 20mL，对水 15kg；结荚期每亩用尿素 0.3～0.5kg＋磷酸二氢钾 0.2kg，对水 15kg 进行叶面喷施。

若出现药害、冻害、涝害、雹灾等，可用油菜素内酯 2～3g，对水 7～10kg 进行叶面喷施，视药害程度可间隔 7d 喷施 1～2 次。

（9）病虫害防治

大豆孢囊线虫病、根腐病：选用抗线虫品种；用 62.5g/L 精甲·咯菌腈悬浮种衣剂 300～400mL 拌种 100kg；深松增加土壤透气性。

大豆食心虫：在成虫发生盛期用 2.5％氯氰菊酯乳油 20～30mL，对水 25kg 喷雾防治。

双斑长跗萤叶甲、草地螟：实行统防统治，及时铲除田边、地埂、渠边杂草，破坏其生存环境。发生田间危害达到预防指标时，用 2.5％氯氰菊酯乳油 20～30mL，对水 25kg 喷雾防治。

（10）收获

黄熟末期至完熟初期，大豆叶片全部脱落、豆粒完全归圆时适时收获。收获前回收滴灌带，以旧换新或送至回收网点，避免污染。

五、谷子水肥一体化技术模式

1. 整地

选择地势平坦、土层深厚、土质疏松、肥力中上、土壤理化性状良好、保水保肥能力强、有灌溉条件的地块。松土 25cm 以上。

2. 种子处理

种子质量执行 GB 4404.1。选用国家评定的一、二级优质品种。

3. 播种

气温稳定通过 7～8℃ 为适宜播期，一般在 5 月上旬播种。亩有效穗数控制在 20 000～35 000 穗。采用大小垄种植，大垄宽 60cm，小垄宽 40cm。播种选用膜下滴灌多功能联合作业播种机，开沟、施肥、播种、打药、铺带、覆膜、覆土一次性完成；出苗后，及时查苗放苗补苗。

4. 种肥施用

结合旋耕亩施优质腐熟农家肥 1 000kg 以上。选用 0.01mm 以上地膜，半覆膜种植膜宽 80～90cm，全膜覆盖种植膜宽 120cm。

5. 灌溉施肥

根据作物需肥规律、天气变化、土壤墒情、植株表现适时适量浇水施肥，播种期的氮肥、磷肥、钾肥结合播种（种、肥隔离，穴施或条施）施入，其余用水溶肥随灌水施入，具体灌溉施肥时期及用量见表 6－22。

表 6－22　谷子灌溉施肥

生育时期	灌溉次数（次）	灌水量（m³/亩）	施肥养分量（kg/亩，折纯量）				备注
			N	P₂O₅	K₂O	N＋P₂O₅＋K₂O	
播种期	1	20～25	1.82～2.85	4.60～5.75	1.20～1.55	7.62～10.15	沟施
苗期	1	10～15					
拔节期	1	25～30	1.15～1.45	1.55～1.80	0.92～1.15	3.62～4.40	滴施
抽穗开花期	2	20～25	0.96～1.16	0.36～0.85	0.22～0.33	1.54～2.34	滴施
灌浆期	1	10～15	0.25～0.42	0.05～0.15	0.05～0.10	0.35～0.67	滴施
全生育期	6～7	85～110	4.18～5.88	6.56～8.55	2.39～3.13	13.13～17.56	

6. 化学除草

结合播种，每亩施用 10％ 单嘧磺隆（谷友）可湿性粉剂 100～120g。

7. 害虫害防治

发生粟叶甲、黏虫危害时，及时采用高效、低毒、低残留药剂进行防治。

8. 收获

成熟后及时收获，清除地膜。

第五节　赤峰市水肥一体化技术
创新及发展前景

滴灌水肥一体化技术是一项新技术，集成难度高，效益显著。自我国引进新型节水设备以来，大部分地区没有将节水设备与农艺技术集成，尤其是在大田作物上，一些地区在应用水肥一体化技术时直接借用国外的技术参数，难以满足国内需要，也没有形成系统的资料。国内相关研究或是研究滴灌条件下的灌溉制度、节水效益等，或是研究施肥管理。通过在国内外技术发展现状的基础上，对滴灌条件下的灌溉制度、施肥制度、施肥管理集成研究，得到了灌溉施肥技术参数，填补了赤峰市在大田作物灌溉施肥领域的技术空白，技术成果处于国内领先水平。

一、技术创新及成效

1. 明确了赤峰市玉米水肥一体化灌溉施肥技术参数，制定了合理的灌溉施肥制度

在研究国内外水肥一体化技术的基础上，系统地提出了赤峰市大田作物玉米水肥一体化的灌溉施肥技术参数，玉米全生育期共滴灌 7～8 次，合计滴灌量以 95～120m³/亩为宜。明确了滴灌条件下玉米的肥料利用率以及农学效率，建立了磷肥作为种肥一次性施入，氮肥、钾肥 60％～70％作为种肥施入，氮肥、钾肥 30％～40％作为追肥施入的施肥方案。开展了水肥耦合对作物产量影响的研究，建立了水肥耦合产量效益模型。为与赤峰市类似的干旱地区大面积推广应用水肥一体化技术提供了技术模式。

2. 建立了墒情和旱情评价指标体系和不同降水条件下滴灌灌溉模型

结合赤峰市生产实际和土壤、作物、气象条件等，通过几年农田土壤墒情监测和试验校正，建立了赤峰市不同作物不同土壤质地的墒情与旱情评价指标体系；开展了滴灌生产模式下灌溉量次以及水分移动研究，提出了滴灌条件下主要作物灌溉制度，建立了不同降水条件下滴灌灌溉模型；同时开展

了土壤含水量不同测试方法校正试验，明确了不同测试方法的函数关系并建立了相应的函数模型。

3. 开展了地膜覆盖和残留、回收试验研究

摸清了不同地膜品种及覆膜方式在赤峰市的使用现状，研究了不同品种地膜对土壤温度、湿度变化以及作物产量的影响，开展了水肥一体化技术模式地膜覆盖集成创新示范研究，明确了不同覆膜方式、不同地膜品种应用技术参数，形成了全膜覆盖、半膜覆盖水肥一体化技术模式。开展了地膜在农田残留量的调研，摸清了赤峰市不同覆膜年限、不同土层地膜的残留量，并提出了相对应的残膜污染防治技术和对策。

4. 提升了科技水平，提高了社会各界的关注度

通过技术的推广，广泛地进行宣传培训，引起了广泛的关注。在技术推广过程中十分重视水肥一体化技术的宣传培训。通过各种形式的宣传培训，提高了基层技术人员的科技水平，实现了技术到位率100％，技术普及率达90％，技术推广度为22.2％，取得了显著的效益，引起了政府、企业、农民以及科研、教学、推广等部门的广泛关注。

5. 促进了土地流转，提高了农民的组织化程度

为了大面积发展高效节水农业及水肥一体化技术，在不改变土地集体所有性质、不改变土地用途、不损害农民承包权益和确保农民收入持续增长的前提下，鼓励农民以转包、出租、转让、互换、股份合作等多种形式进行土地流转，发展高效节水农业，各地通过创新机制建立新型农村合作组织，鼓励发展农村用水协会、公司加农户、个体承包经营、农户联户经营等多元化经营、农机合作组织代耕代种等模式，提高了农民组织化程度，有效地缓解了农村劳动力日益老化的现实问题，使农业生产的规模化、机械化和标准化程度明显提高。

6. 促进了新品种、新技术的应用推广

由于高效节水农业投入较大，农民的收益预期较高，通过采用新品种、新技术提高产量水平的愿望较迫切。我们充分利用这一有利时机，以高标准农田建设为平台，实现了"五个百分之百"，即优良品种应用率达到100％、测土配方施肥应用达到100％、机械化生产达到100％、高密度栽培达到100％、病虫草害综合防治达到100％。同时，示范田平均节水30％，肥料利用率提高10个百分点，作物单产提高20％以上。

7. 优化了种植结构，提升了高效作物种植比例

根据水资源状况和时空分布特点，合理计划和调整农作物种植结构。在注重市场的原则下，减少高产低效高耗水作物水稻、普通玉米的种植，扩大节水增效小杂粮、优质饲草、特种玉米等作物的种植面积。

8. 节约了水资源，缓解了农业用水和生态用水的矛盾

膜下滴灌技术有效地节约了水资源，保护了生态环境，极大地提高了土地产出率、资源利用率和劳动生产率，增强了农业抗风险能力、市场竞争力和可持续发展能力。膜下滴灌技术一般可节水 30％～80％。同时，发展高效节水农业还可利用现有水源条件扩大有效灌溉面积 2～3 倍，使水资源利用率明显提高。赤峰市农业用水占全市用水的 80％以上，所以大力发展高效节水农业水肥一体化技术对建设资源节约型、环境友好型社会具有十分重要的意义。

9. 减少了化肥用量，保护了生态环境

滴灌实现了灌溉施肥水肥一体化，由过去传统的单一浇水变成浇营养液，通过水肥耦合效应被作物直接快速地吸收利用，避免了因挥发、深层渗漏而造成的肥料损失，从而提高了肥料的利用率。通过试验示范，膜下滴灌与大水漫灌、管灌、喷灌和旱地相比，分别亩均减少氮肥（尿素 46％）用量 22.4kg、20.0kg、8.0kg 和 4.8kg，氮肥利用率分别提高 56％、50％、20％和 12％。肥料利用率提高意味着减少肥料的施用量，进而起到节肥效果，同时水肥一体化仅灌溉作物根系层，减少了肥料淋溶损失，减轻了面源污染。

10. 减少了农药施用，提升了农产品质量安全

滴灌与大水漫灌、管灌、喷灌相比，明显降低了田间湿润度，故降低了病虫害发生概率，同时采取病虫害综合防治技术，病虫害发生概率明显降低，据测算，通过综合防治能减少病虫害造成的粮食损失 3％以上，减少了农药使用量 20％～30％，农药使用量的减少，不仅促进了农作物的增产，还为农产品品质系上了"安全带"，使农产品品质有了保证。同时，农药用量的减少也减少了农田环境污染，改善了生态环境。

二、技术推广前景

滴灌技术初步实现了浇水、施肥一体化和可控化。由传统的大水漫灌，

转向了浸润式灌溉，土地不板结；从浇地转向浇作物，最大限度地防止了水的流失，节约了水资源。滴灌水肥一体化作为农业现代化的一个重要组成部分，是我国农业发展的必然方向。有关专家认为，滴灌技术的大面积推广应用成功，带给我国农业乃至世界农业的都是一个大大的惊叹号，其意义也绝不仅仅在于节水本身，随着这项技术在更大范围内的推进，它所引发的必将是我国农业由传统迈向现代的一次具有深远意义的革命。中国科学院、中国工程院院士石元春教授认为，滴灌技术与覆膜技术的有机结合，突破了滴灌技术不进大田的限制，是世界节水史上的一个创新。有关专家认为，让我国的普通农民都能用上现代高效节水技术，这是一个奇迹。这对于我国这样一个农业人口占绝大多数、农业生产条件相对脆弱、农民收入普遍较低的国家来说，意义是显而易见的；滴灌技术必然引发我国农业由生产方式到经营方式的深刻变革，对促进我国农业从传统农业向现代农业、从粗放型农业向集约型农业的转变，对提高我国农业的现代化水平和国际竞争力将产生积极而深远的影响。

赤峰市属于严重干旱缺水地区，旱地占全市总耕地面积的 70% 左右。一直存在着水资源严重匮乏，降水利用率低，基础设施条件差，节水设施不配套、不完善，抗旱手段落后，科技含量低，先进实用的技术及产品普及程度低，科学种田水平不高的问题。这些问题严重阻碍了农业结构战略性调整和农业产业化发展。近年来，随着工业的发展和城市生活需水量的增加，本来短缺的农业用水形势更加严峻。自 2009 年滴灌技术在赤峰市的大田应用取得成功以来，人们发现此技术非常适宜在赤峰市发展，不但节水节肥，还具有节电、节地、节省劳动力、增产、增效等效果，因此，此项技术得到飞速发展，大面积推广滴灌技术对实现水肥资源的高效利用、农民收入的大幅度提高和促进赤峰市农业生态环境的可持续发展具有十分重要的意义。

"节水、节肥、节药、节能、节地、节种"是建设"资源节约和环境友好型"农业的切入点。高产、优质、高效、生态、安全是现代农业发展的主要旋律。近年来，国家开始颁布了一系列政策扶持高新技术在农业生产中的推广应用，无疑为水肥一体化技术的研究、推广与应用带来良好的发展机遇。水肥一体化技术将进入一个研究、生产、推广并进发展的黄金时代。滴灌水肥一体化技术开始向更大规模、更广范围、更高层次发展，应用前景十分广阔。

第六节　推进高标准农田建设
实现"藏粮于地"

建设高标准农田是巩固和提高粮食生产能力、保障国家粮食安全的关键举措。高标准农田被定义为土地平整、集中连片、设施完善、农田配套、土壤肥沃、生态良好、抗灾能力强，与现代农业生产和经营方式相适应的旱涝保收、高产稳产，被划定为永久基本农田的耕地。

2019 年 11 月，国务院办公厅印发的《国务院办公厅关于切实加强高标准农田建设提升国家粮食安全保障能力的意见》明确提出，到 2022 年，全国要建成 10 亿亩高标准农田。2021 年 9 月 20 日，《全国高标准农田建设规划（2021—2030 年）》公布，提出到 2030 年，中国要建成 12 亿亩高标准农田，以此稳定保障 1.2 万亿斤以上粮食产能。

高标准农田建设以提升粮食产能为首要目标，坚持"夯实基础、确保产能、因地制宜、综合治理、依法严管、良田粮用、政府主导、多元参与"的原则，推动"藏粮于地、藏粮于技"。应结合各地实际，按照区域特点，采取针对性措施，综合配套农田平整、农田水利、田间道路、农田防护与生态环境保持、农田输配电五项工程，整合实施土壤质量提升工程。严格执行《高标准农田建设通则》（GB/T 30600－2022）等国家标准、行业标准和地方标准。工程使用年限一般不宜低于 15 年。

田间基础设施占地率不宜高于 8％，执行《自然资源部 农业农村部 国家林业和草原局关于严格耕地用途管制有关问题的通知》（自然资发〔2021〕166 号）要求，在高标准农田建设中，开展必要的灌溉及排水设施、田间道路、农田防护林等配套建设用地或优化永久基本农田布局的，要在项目区内予以补足；难以补足的，县级自然资源主管部门要在县域范围内同步落实补划任务。

项目建成后，水浇地高标准农田实现集中连片、旱涝保收、节水高效、稳产高产、生态友好，旱作高标准农田实现粮食生产能力、防灾抗灾能力、机械化耕作水平全面提高。在正常年景条件下，项目区种植作物亩均增产10％以上。

一、高标准农田建设选址

高标准农田建设区应选择集中连片、现有条件较好、增产潜力大的耕地，优先选择现有基本农田，建成后应保持 30 年内不被转为非农业用地。

灌区项目选址：灌区的高标准农田建设区项目应具备可利用水资源条件，干、支骨干渠系及相关外部水利设施完善，水质符合灌溉水质标准，能够满足农田灌溉需求，高标准农田建设后能显著提高水资源利用效率，达到排涝防洪标准。

旱作区的高标准农田建设区应土地平坦或已完成坡改梯，土层深厚，便于实施集雨工程和机械化作业等规模化生产，能提高土壤蓄水保墒能力，显著提高降水利用率和利用效率，增强农田抗旱能力。

二、高标准农田建设内容

高标准农田田间工程主要包括土地平整、土壤培肥、灌溉水源、灌溉渠道、排水沟、田间灌溉、渠系建筑物、泵站、农用输配电、田间道路及农田防护林网等内容，以便于农业机械作业和农业科技应用，全面提高农田综合生产水平，保持持续增产能力。田间定位监测点包括土壤肥力、墒情和虫情定位监测点的配套设施和设备，主要服务于土壤肥力、土壤墒情和虫情的动态监测与自动测报。

1. 土地平整

土地平整包括田块调整与田面平整。田块调整是对大小或形状不符合标准要求的田块进行合并或调整，以满足标准化种植、规模化经营、机械化作业、节水节能等农业科技的应用。田面平整主要是使田块内田面高差保持在一定范围内，尽可能满足精耕细作、灌溉与排水的技术要求。

田块的大小依据地形进行调整，原则上小弯取直、大弯就势。田块方向应满足在耕作长度方向上光照时间最长、受光热量最大的要求，丘陵山区田块应沿等高线调整，风蚀区田块应按当地主风向垂直或与主风向垂直线的交角小于 30°的方向调整。田块建设应尽可能集中连片，连片田块的大小和朝向应基本一致。

田块形状选择依次为长方形、正方形、梯形或其他形状，长宽比一般应控制在（1～20）∶1。田块长度和宽度应根据地形地貌、作物种类、机械作业效率、灌排效率和防止风害等因素确定。

田面平整以田面平整度指标控制，包含地表平整度、横向地表坡降和纵向地表坡降三个指标。水稻种植田块以格田为平整单元，其横向地表坡降和纵向地表坡降应尽可能小；地面灌溉田块应减小横向地表坡降，喷灌微灌田块可适当放大坡降，纵向坡降根据不同区域的土壤和灌溉排水要求确定。

平整土地形成的田坎应有配套工程措施进行保护。应因地制宜地采用砖、石、混凝土、土体夯实或植物坎等保护方式。

土体及耕作层建设是使农田土体厚度与耕作层土壤疏松程度满足作物生长及施肥、蓄水保墒等需求。一般耕地的土体厚度应在 100cm 以上。山丘区及滩地的土体厚度应大于 50cm，且土体中无明显黏盘层、沙砾层等障碍因素。一般耕作层深度应大于 25cm。旱作农田应保持每隔 3～5 年深松一次，使耕作层深度达到 35cm 以上。水稻种植田块耕作层应保持在 15～20cm，并留犁底层。

坡耕地修成梯田时应将熟化的表土层先行移出，待梯田修成后，将表土层移到梯田表层。新修梯田和农田基础设施建设中应尽可能避免打乱表土层与底层生土层，并应连续实施土壤培肥 5 年以上。耕作层土壤重金属含量指标应符合《土壤环境质量 农用地土壤污染风险管控标准（试行）》（GB 15618—2018），影响作物生长的障碍因素应降到最低限度。

2. 土壤培肥

高标准农田应实施土壤有机质提升和科学施肥等技术措施，耕作层土壤养分常规指标应达到当地中等以上水平。

（1）土壤有机质提升

主要包括秸秆还田、绿肥翻压还田和增施有机肥等。每年作物秸秆还田量不小于 4 500kg/hm²（干重）。南方冬闲田和北方一季有余两季不足的夏闲田应推广种植绿肥，或通过作物绿肥间作种植绿肥。有机肥包括农家肥和商品有机肥。农家肥按 22 500～30 000kg/hm² 的标准施用，商品有机肥按 3 000～4 500kg/hm² 的标准施用。土壤有机质提升措施应连续实施 3 年以上。商品有机肥应符合《有机肥料》（NY 525—2011）的要求。

（2）推广科学施肥技术

根据土壤养分状况确定各种肥料施用量，并对土壤氮、磷、钾及中微量元素、有机质含量、土壤酸化和盐碱化等状况进行定期监测，并根据实际情况不断调整施肥配方。

3. 灌溉水源

按不同作物及灌溉需求实现相应的水源保障。水源工程质量保证年限不少于 20 年。井灌工程的井、泵、动力、输变电设备和井房等配套率应达到 100％。塘堰容量小于 100 000m³，坝高不超过 10m，挡水、泄水和放水建筑物等应配套齐全。蓄水池容量控制在 2 000m³ 以下。蓄水池边墙应高于蓄水池最高水位 0.3～0.5m，四周应修建 1.2m 高的防护栏，以保证人畜等的安全。南方和北方地区亩均耕地配置蓄水池的容积应分别不小于 8m³ 和 30m³。小型蓄水窖（池）容量不小于 30m³。集雨场、引水沟、沉沙池、防护围栏、泵管等附属设施应配套完备。当利用坡面或公路等作集雨场时，每 50m³ 蓄水容积应有不少于 1 亩的集雨面积，以保证足够的径流来源。灌溉水源应符合《农田灌溉水质标准》（GB 5084—2021），禁止用未经过处理过的污水进行灌溉。

4. 灌溉渠道

渠灌区田间明渠输配水工程包括斗渠、农渠。工程质量保证年限不少于 15 年。渠系水利用系数、田间水利用系数和灌溉水利用系数应符合《节水灌溉工程技术标准》（GB/T 50363—2018）的要求。渠灌区斗渠以下渠系水利用系数应不小于 0.80；井灌区采用渠道防渗的渠系水利用系数应不小于 0.85，采用管道输水的水利用系数不应小于 0.90；水稻灌区田间水利用系数应不小于 0.95，旱作物灌区田间水利用系数不应小于 0.90；井灌区灌溉水利用系数应不小于 0.80，渠灌区灌溉水利用系数不应小于 0.70，喷灌、微喷灌区灌溉水利用系数不应小于 0.85，滴灌区不应小于 0.90。平原地区斗渠斗沟以下各级渠沟宜相互垂直，斗渠长度宜为 1 000～3 000m，间距宜为 400～800m；末级固定渠道（农渠）长度宜为 400～800m，间距宜为 100～200m，并应与农机具宽度相适应。河谷冲积平原区、低山丘陵区的斗渠、农渠长度可适当缩短。斗渠和农渠等固定渠道宜进行防渗处理，防渗率不低于 70％，井灌区固定渠道应全部进行防渗处理。固定渠道和临时渠道（毛渠）应配套完备。渠道的分水、控水、量水、连接和桥涵等建筑物应完好齐全。末级固定渠道（农渠）以下应设临时灌水渠道。不允许在固定输水渠道上开口浇地。井灌区采用管道输水，包括干管和支管两级固定输水管道及配套设施。干管和支管在灌区内长度宜在 $90\sim150\mathrm{m/hm^2}$，支管间距宜采用 $50\sim150\mathrm{m}$。各用水单位应设置独立的配水口，单口灌溉面宜在 $0.250\sim0.600\mathrm{hm^2}$，出水口或给水栓间距宜为 $50\sim100\mathrm{m}$。固定输水管道埋深应在冻土层以下，且不少于 $0.6\mathrm{m}$。输水管道及其配套设施工程质量保证年限不少于 15 年。

5. 排水沟

排水沟要满足农田防洪、排涝、防渍和防治土壤盐渍化的要求。排水沟布置应与田间其他工程（灌渠、道路、林网）相协调。在平原、平坝地区一般与灌溉渠分离；在丘陵山区，排水沟可选用灌排兼用或灌排分离的形式。排涝农沟采用排灌结合的末级固定排灌沟、截流沟和防洪沟，应采用砖、石、混凝土衬砌，长度宜在 $200\sim1\,000\mathrm{m}$。斗沟长度宜为 $800\sim2\,000\mathrm{m}$，间距宜为 $200\sim1\,000\mathrm{m}$。山地丘陵区防洪斗沟、农沟的长度可适当缩短。斗沟的间距应与农沟的长度相适应，宜为 $200\sim1\,000\mathrm{m}$。田间排水沟（管）工程质量保证年限应不少于 10 年。

6. 田间灌溉

根据水源、作物、经济和生产管理水平，田间灌溉采用地面灌溉、喷灌和微灌等形式。

（1）地面灌溉

灌水沟间距应与采取沟灌作物的行距一致，沟灌作物行距一般为 $0.6\sim1.2\mathrm{m}$。畦田不应有横坡，宽度应为农业机具作业幅宽的整数倍，且不宜大于 $4\mathrm{m}$。

平原水田的格田长度宜为 $60\sim120\mathrm{m}$，宽度宜为 $20\sim40\mathrm{m}$，山地丘陵区应根据地形适当调整。在渠沟上应为每块格田设置进排水口。受地形条件限制必须布置串灌串排格田时，串联数量不得超过 3 块。

（2）喷灌

喷灌工程包括输配水管道、电力、喷灌设备及附属设施等。喷灌工程固定设施使用年限不少于 15 年。在北方蒸发量较大的区域，不宜选择喷口距离作物大于 $0.8\mathrm{m}$ 的喷灌设施。

（3）微灌

微灌包括微喷、滴灌和小管出流（或涌泉灌）等形式，由首部枢纽、输配水管道及滴灌管（带）或灌水器等构成。微灌系统以蓄水池为水源时应具备过滤装置，从河道或渠道中取水时，取水口处应设置拦污栅和集水池，采用水肥一体化时，首部系统中应增设施肥设备。微灌工程固定设施使用年限不少于 15 年。

7. 渠系建筑物

渠系建筑物指斗渠（含）以下渠道的建筑物，主要包括农桥、涵洞、水闸、跌水与陡坡、量水设施等。渠系建筑物应配套完备，其使用年限应与灌排系统总体工程一致，总体建设工程质量保证年限应不少于 15 年。

（1）农桥

农桥应采用标准化跨径。桥长应与所跨沟渠宽度相适应，不超过 15m。桥宽宜与所连接道路的宽度相适应，不超过 8m。三级农桥的人群荷载标准不应低于 3.5 kN/m^2。

（2）涵洞

渠道跨越排水沟或穿越道路时，宜在渠下或路下设置涵洞。涵洞根据无压或有压要求确定拱形、圆形或矩形等横断面形式。承压较大的涵洞应使用管涵或拱涵，管涵应设混凝土或砌石管座。涵洞洞顶填土厚度应不小于 1m，衬砌渠道则不应小于 0.5m。

（3）水闸

斗渠、农渠系上的水闸可分为节制闸、进水闸、分水闸和退水闸等类型。在灌溉渠道轮灌组分界处或渠道断面变化较大的地点应设节制闸，在分水渠道的进口处宜设置分水闸，在斗渠末端的位置要设退水闸，从水源引水进入渠道时，宜设置进水闸控制入渠流量。

（4）跌水与陡坡

沟渠水流跌差小于 5m 时，宜采用单级跌水，跌差大于 5m 时，应采用陡坡或多级跌水。跌水和陡坡应采用砌石、混凝土等抗冲耐磨材料建造。

（5）量水设施

渠灌区在渠道的引水、分水、泄水、退水及排水沟末端应根据需要设置量水堰、量水器、流速仪等量水设施，井灌区应根据需要设置水表。

8. 泵站

泵站分为灌溉泵站和排水泵站。泵站的建设内容包括水泵，泵房，进、出水建筑物，变配电等。各项标准的设定应符合《泵站设计标准》（GB 50265—2022）的要求。灌溉泵站以万亩为基本建设单元，支渠（含）以下引水和提水工程装机设计流量应根据设计灌溉保证率、设计灌水率、灌溉面积、灌溉水利用系数及灌区内调蓄容积等综合分析计算确定，宜控制在 $1.0m^2/s$ 以下。排水泵站以万亩为基本建设单元，排涝设计流量及其过程线应根据排涝标准、排涝方式、排涝面积及调器容积等综合分析计算确定，宜控制在 $2.0m^2/s$ 以下。泵站净装置效率不宜低于 60%。

9. 农用输配电

农用输配电主要为满足抽水站、机井等供电。农用供电建设包括高压线路、低压线路和变配电设备。低压线路宜采用低压电缆，应有标志。地埋线应敷设在冻土层以下，且深度不小于 0.7m。变配电设施宜采用地上变台或杆上变台，变压器外壳距地面建筑物的净距离不应小于 0.8m，变压器装设在杆上时，无遮拦导电部分距地面应不小于 3.5m，变压器的绝缘子最低瓷裙距地面高度小于 2.5m 时，应设置固定围栏，其高度宜大于 1.5m。

10. 田间道路

田间道路包括机耕路和生产路。

（1）机耕路

机耕路包括机耕干道和机耕支道，机耕路建设应能满足当地机械化作业的通行要求，通达度应尽可能接近 1，机耕干道应满足农业机械双向通行要求。路面宽度在平原区为 6～8m，在山地丘陵区为 4～6m。机耕干道宜设在连片田块单元的短边，与支渠、斗渠协调一致。机耕支道应满足农业机械单向通行的要求。路面宽度平原区为 3～4m。机耕支道宜设在连片田块单元的长边，与斗渠、农渠协调一致，并设置必要的错车点和末端掉头点。

机耕路的路面层可选用砂石、混凝土、沥青等类型路面。北方宜采用砂石路面或混凝土路面，南方多雨宜采用混凝土路面或沥青混凝土路面。

（2）生产路

生产路应能到达机耕路不通达的地块，生产路的通达度一般在 0.1～0.2。

生产路主要用于生产人员及人畜力车辆、小微型农业机械通行，路面宽度 1～3m。生产路可沿沟渠或田埂灵活设置，生产路的路面层在不同区域可有一定差异，北方宜采用砂石路，南方宜采用混凝土、泥结石或石板路。

（3）机耕道与生产路布设

机耕支道与生产道是机耕干道的补充，以保证田间路网布设密度合理。在平原区，每两条机耕道间设一条生产路，在山地丘陵区可按梳式结构，在机耕道侧或两侧设置多条生产路。机耕道及生产路的间隔可根据地块连片单元的大小和走向等确定。

11. 农田防护林网

在东北、西北的风沙区和华北、西北的干热风等危害严重的地区须设置农田防护林网。

（1）林网密度

风沙区农田防护林网密度一般占耕地面积的 5%～8%，干热风等危害地区为 3%～6%，其他地区为 3%。一般农田防护林网格面积应不小于 20hm²。

（2）林带方向

主防护林带应垂直于当地主风向，沿田块长边布设，副林带垂直于主防护林带沿田块短边布设。林带应结合农田沟渠配置。

（3）林带间距

一般林带间距为防护林高度的 20～25 倍，主林带宽 3～6m，西北地区主林带宽度按 4～8m 设置，栽 3～5 行乔木、1～2 行灌木，副林带宽 2～3m，栽 1～2 行乔木、1 行灌木。防护林应尽可能做到与护路林、生态林和环村林等相结合，减少耕地占用面积。

三、旱作高标准农田建设内容

农业基础设施薄弱的地区建设旱作高标准农田，因地制宜开展田块建设、坡耕地改造等生态防护工程和土壤培肥耕地质量提升工程建设。改造耕地多为旱坡地，主要限制因素是耕地缺水、缺肥、机械化耕作程度低、科技化水平不高。通过旱作高标准建设，将旱坡地改变为水平梯田，田面水平，能有效地拦蓄自然降水、有利于农业机械化耕作，达到保水、保肥，便于机耕的目的。同时，增施有机肥、配以测土配方、免耕耕作等科技措施使原来的低产田变为高产稳产田，提高耕地质量和农业综合生产能力。

旱作高标准农田田间工程主要包括土地平整、土壤培肥、田间道路及沟头防护等内容，以便于农业机械作业和农业科技应用，全面提高农田综合生产水平，保持持续增产能力。

1. 土地平整工程

按照《水土保持综合治理技术规范旱坡地治理技术》（GB/T 16453—

2008）旱坡地治理技术等要求，结合当地的作业传统及作业习惯，在兼顾经济合理、技术可行的前提下，对土层深厚的旱坡地应优先考虑修筑水平梯田，工程布置在坡面中下部坡度为 $3°\sim10°$ 的坡面上。梯田地块沿等高线布设，兼顾等宽，大弯就势、小弯取直，宽适当，埂线平滑。机修梯田按照机械耕作设计，机械耕作单幅宽 3.8m，故设计田面宽度不小于 8m，田块长度因地制宜。梯田工程施工包括施工准备、施工定线、机械修筑、机械和人工筑埂整形四道工序。采用机械与人工相结合的方法，机械修田运土，人工和机械修筑田埂。

（1）施工准备

施工单位进场施工前须核验土层厚度，如土层厚度与设计不符，施工单位需要与设计单位联系。施工单位要按合同的约定确保工程工期、进度和质量。

（2）规划测量

首先根据设计确定各台机修梯田工程的地埂线和开挖线。在规划修筑田埂机修梯田的坡面正中（距左右两端大致相等）从上到下划一中轴线，再按设计田面斜宽，在中轴线上划出各台机修梯田的基点。确定田面宽度以后，在每道田埂线上每隔 20m 立一个标桩并记录桩号，测出每一标桩点的高程，并进行土方计算，充分考虑避免施工时远距离运送土方。定线过程中遇局部地形复杂，应根据大弯就势、小弯取直原则处理，有的为保持田面等宽，需适当调整埂线位置。

（3）机械修筑

机械修筑包括清除地面障碍物、表土处理、挖填推运土方、修平田面填方压实、表土回填、筑埂、田面耕翻七个步骤。

①清除地面障碍物

清除施工地块内的深坑、树根、界石以及墓穴等附着物（坟墓需要提前标注好位置，防止施工过程中破坏）。

②表土处理

梯田施工采用机械修筑梯田，严格按四步施工法，即熟土剥离、生土筑埂、生土找平和熟土还原。在规划好的地块，以等高线为梯田中心线，用推土机先将表层熟土剥离集中，然后将等高线上方土往下推，逐步修成内低外高、里外高差 20cm 左右的反坡梯田带，整平田面，最后将表土返还。

③挖填推运土方

做好土方调运规划，推土机沿梯田埂线采取顺坡向下运土、辐射运土、扇形运土、平行运土、交叉运土等出土线路，采取分层开挖、沟槽开挖、切割开挖等开挖方式，并采取沟槽推土、浅沟推土、平田整地推土、双机或多机并推等推土方法运送土方。在运土过程中优先安排傍近坎区与地角区有利的出土位置，尽量减少和消除二次或多次转向倒土，优先考虑邻近区段来土或去土，由近及远地进行土方平衡调运。

④修平田面填方压实

将田面分成下挖上填两部分，田坎线上下各 1.5m 范围，采取下物上填法，从田坎下方取土，填到田坎上方。其余田面采取上挖下填法从田面中心线以上取土，填到中心线以下，这样可以提高工效。田面挖、填任务基本完成后，用水准仪检查是否达到水平（或按设计要求的纵向比降）。田边 1m 左右，保留 10°左右的反坡，地中原有浅沟部位，填方应比水平面高出 10cm 左右，以备填土最深部位沉陷后田面仍能保持水平。填方每达到 30cm 厚度时，用推土机进行顺埂碾压至 25cm 左右为宜，碾压后再填，再压，直至田面平整。

⑤表土回填

至田面基本平整以后，将集中的熟土回填到田面上。

⑥筑埂

土埂坎采用人工方法修筑，采取 1∶1 边坡进行人工和机械结合筑坎和田埂整修，梯坎、埂压实，并修筑顶宽 40cm、高 40cm 的蓄水边埂，内侧坡 1∶1。边埂外侧坡与地坎侧坡要衔接好，并将坎面压光，保持埂顶水平。成年人在田坎上来回走一遍，田坎不坍塌、坎顶无陷坑，即算合格。

⑦田面耕翻

利用大犁进行深翻，特别是梯田挖方，以利于生土熟化，土地翻耕深度为 30cm。

2. 土壤培肥工程

主要改良措施为增施有机肥，有机肥执行标准《有机肥料》（NY/T 525—2021），有机质的质量分数（以烘干基计）≥30%、总养分（N+P_2O_5+K_2O）≥4%、水分含量≤30%、pH 5.5～8.5、大肠杆菌群数值≤100 个/g、蛔虫卵死亡率≥95%。翻耕 20cm 混施。改善土壤理化性状、提高土壤肥力、消除影响作物生长的土壤障碍因素，实施物理、化学、生物等措施，提升土壤肥力。

根据当地土壤的土质和结构，通过测土配方后，采取相应的措施，选取相应的有机颗粒肥料来改善土壤的品质，达到增产的目的。主要是施合适的有机肥料来降低土壤的黏性。从厂家购进有机肥后，人工将有机肥均匀撒在的田间表面，利用机械进行深翻，使有机肥更好地混于土壤中。

增施有机肥数量大、见效慢，应尽量早施，一般应在播种前将有机肥一次施入。而化肥用量少、见效快，一般应在作物需肥前 10d 左右施入。有机肥要结合深耕耙地施入土壤，或结合起垄施入垄底，磷肥可与有机肥一起施入作底肥。有机肥施用量可根据作物和土壤肥力不同而有所区别。

3. 田间道路工程

田间道路设计主要以方便田间作业运输和尽量少占耕地为原则，一般沿田块边界布置，与外面村路相连，地块较长的，为便于作业和耕作，可布在地块中间。路面设计宽 4m，比降不超过 15%，即地面坡度超过 8.5°的地方，道路采用 S 形盘绕而上，减小路面最大比降。

田间道路是连接梯田区域的骨架，要先于梯田实施或同步实施。上坡道路不能太陡，防止道路冲刷，与两侧水平梯田相通。平坡道路一般要设在梯田区域的山坡中部，呈腰带状围于山坡。在施工过程中，要特别注意防止造成新的水土流失，妥善处理废弃土石的堆放和原有地貌植被。

在梯田工程实施之前先开通道路，施工准备、测量放样、土方开挖、路床验槽、地面原土打夯、路面压实、0.2m 砂石路面铺设、回填压实度检验。

4. 沟头防护工程

根据设计要求，确定围埂位置、走向，做好定线；沿埂线上下两侧各 0.8m 左右，清除地面杂草、树根、石砾等杂物；开沟，在埂线上方，沿埂线按水平沟设计规格开挖水平沟；筑埂，按围埂设计规格，取土沿埂线筑埂。埂体干密度为 1.4～1.5t/m³；每个水平沟内栽植刺槐 1 株、柠条 1 株，栽植方法同生物封沟。

附

序号	地市名	县（旗、市、区）名	乡（镇）名	村名	经度（°/′/″）	纬度（°/′/″）	常年降水量（mm）	常年有效积温（℃）	常年无霜期（d）	地形部位
1	赤峰市	宁城县	汐子镇	喇嘛营子村	119°10′04″	41°44′06″	400	3 200	135	丘陵下部
2	赤峰市	宁城县	天义镇	唐家村	119°23′20″	41°34′19″	400	3 200	135	丘陵下部
3	赤峰市	宁城县	天义镇	小河沿村	119°14′50″	41°34′42″	400	3 200	135	平原低阶
4	赤峰市	宁城县	五化镇	铜匠沟村	119°07′31″	41°22′40″	420	3 300	140	山地坡中
5	赤峰市	宁城县	右北平镇	白石头村	118°42′03″	41°23′12″	450	3 100	130	平原低阶
6	赤峰市	宁城县	大明镇	嘎斯村	119°07′25″	41°32′41″	400	3 200	135	平原低阶
7	赤峰市	宁城县	大城子镇	瓦南村	118°57′40″	41°42′29″	420	3 100	130	平原低阶
8	赤峰市	宁城县	黑里河镇	打鹿沟门村	118°31′32″	41°25′18″	500	2 700	110	山地坡下
9	赤峰市	宁城县	八里罕镇	八里罕村	118°44′41″	41°31′01″	420	3 100	130	丘陵下部
10	赤峰市	宁城县	大双庙镇	巴里营子村	118°59′20″	41°28′57″	400	3 200	135	平原低阶
11	赤峰市	宁城县	三座店镇	三座店村	118°52′56″	41°37′57″	400	3 200	130	平原低阶

录

监测点基本情况

地块坡度 (°)	海拔高度 (m)	潜水埋深 (m)	障碍因素	灌溉能力	排水能力	成土母质	土类	亚类	土属	土种
3	556	25	瘠薄	满足	满足	黄土及黄土状物	淡栗褐土	淡栗褐土	黄土质淡栗褐土	中层黄土质淡栗褐土
3	576	20	瘠薄	基本满足	充分满足	黄土及黄土状物	淡栗褐土	淡栗褐土	黄土质淡栗褐土	中层黄土质淡栗褐土
2	553	13	无	充分满足	满足	冲积洪积物	淡栗褐土	潮栗褐土	淤潮栗褐土	壤质淤潮栗褐土
3	575	35	瘠薄	不满足	充分满足	黄土及黄土状物	淡栗褐土	淡栗褐土	黄土质淡栗褐土	薄层黄土质淡栗褐土
2	662	20	障碍层次	满足	满足	冲积洪积物	淡栗褐土	潮栗褐土	淤潮栗褐土	壤质淤潮栗褐土
2	562	10	障碍层次	满足	满足	冲积洪积物	淡栗褐土	淡栗褐土	淤潮栗褐土	沙底壤质淤潮栗褐土
2	591	10	无	充分满足	基本满足	冲积洪积物	潮土	盐化潮土	盐化潮土	壤质盐化潮土
3	778	10	无	基本满足	满足	残积坡积物	棕壤	潮棕壤	淤潮棕壤	壤质淤潮棕壤
4	700	25	瘠薄	基本满足	满足	黄土及黄土状物	淡栗褐土	淡栗褐土	黄土质淡栗褐土	中层黄土质淡栗褐土
2	584	12	无	充分满足	满足	冲积洪积物	淡栗褐土	潮栗褐土	淤潮栗褐土	壤质淤潮栗褐土
2	620	30	无	充分满足	基本满足	冲积洪积物	潮土	盐化潮土	壤质盐化潮土	壤质轻度盐化潮土

序号	地市名	县（旗、市、区）名	乡（镇）名	村名	经度（°/′/″）	纬度（°/′/″）	常年降水量（mm）	常年有效积温（℃）	常年无霜期（d）	地形部位
12	赤峰市	宁城县	右北平镇	甸子村	118°50′17″	41°24′14″	400	3 200	130	平原低阶
13	赤峰市	宁城县	忙农镇	唐神太村	119°14′16″	41°27′57″	420	3 250	135	丘陵坡下
14	赤峰市	宁城县	五化镇	得力村	119°10′31″	41°24′18″	400	3 300	140	山地坡下
15	赤峰市	宁城县	大明镇	新岭村	119°09′06″	41°41′26″	410	3 200	130	丘陵下部
16	赤峰市	宁城县	一肯中乡	沙巴日台村	119°04′11″	41°33′18″	400	3 200	135	丘陵上部
17	赤峰市	宁城县	一肯中乡	五家村	119°02′04″	41°36′34″	400	3 200	135	丘陵下部
18	赤峰市	宁城县	小城子镇	台子村	119°02′49″	41°50′30″	400	3 200	135	丘陵下部
19	赤峰市	宁城县	存金沟乡	喇嘛沟门村	118°45′59″	41°34′05″	400	3 200	130	丘陵下部
20	赤峰市	宁城县	汐子镇	二十家子村	119°16′59″	41°41′21″	400	3 200	128	平原低阶
21	赤峰市	宁城县	汐子镇	杨家窝铺村	119°13′37″	41°49′25″	400	3 200	128	平原低阶
22	赤峰市	宁城县	忙农镇	大榆树林子村	119°08′25″	41°31′29″	420	3 250	135	平原低阶
23	赤峰市	宁城县	小城子镇	宁南村	118°58′23″	41°45′27″	400	3 200	130	山地坡下
24	赤峰市	巴林右旗	索博日嘎镇	琥硕满哈嘎查	118°33′17″	44°13′16″	300	3 100	120	山地坡下
25	赤峰市	巴林右旗	西拉沐沦苏木	二村	119°50′05″	43°19′13″	265	3 150	140	平原低阶

（续）

地块坡度（°）	海拔高度（m）	潜水埋深（m）	障碍因素	灌溉能力	排水能力	成土母质	土类	亚类	土属	土种
2	614	30	无	充分满足	充分满足	冲积洪积物	褐土	潮褐土	壤质潮褐土	中壤质潮褐土
3	603	90	瘠薄	不满足	充分满足	黄土及黄土状物	栗褐土	淡栗褐土	黄土质淡栗褐土	无侵蚀黄土质淡栗褐土
4	589	70	瘠薄	基本满足	充分满足	残积坡积物	栗褐土	淡栗褐土	黄土质淡栗褐土	轻侵蚀黄土质淡栗褐土
2	585	90	无	基本满足	满足	黄土及黄土状物	淡栗褐土	淡栗褐土	黄土质淡栗褐土	中层黄土质淡栗褐土
2	396	170	瘠薄	基本满足	充分满足	黄土及黄土状物	淡栗褐土	淡栗褐土	红土质淡栗褐土	薄层红土质淡栗褐土
3	614	130	瘠薄	基本满足	满足	黄土及黄土状物	淡栗褐土	淡栗褐土	黄土质淡栗褐土	中层黄土质淡栗褐土
4	563.4	90	瘠薄	基本满足	满足	黄土及黄土状物	淡栗褐土	淡栗褐土	黄土质淡栗褐土	中层黄土质淡栗褐土
3	716	50	瘠薄	基本满足	满足	冲积物	淡栗褐土	潮栗褐土	淤潮栗褐土	沙质淤潮栗褐土
2	571	35	无	充分满足	满足	冲积洪积物	淡栗褐土	潮栗褐土	淤潮栗褐土	壤质淤潮栗褐土
2	602	60	无	充分满足	满足	冲积洪积物	淡栗褐土	潮栗褐土	淤潮栗褐土	壤质淤潮栗褐土
2	575	40	无	充分满足	满足	冲积洪积物	淡栗褐土	潮栗褐土	淤潮栗褐土	壤质淤潮栗褐土
2	602	60	瘠薄	基本满足	充分满足	黄土及黄土状物	褐土	淋溶褐土	黄土质淋溶褐土	中层黄土质淋溶褐土
2	918.89	70	盐碱	满足	满足	冲积洪积物	草甸土	盐化草甸土	盐化草甸土	轻度盐化草甸土
0	408.43	60	沙化	满足	满足	风积沙	风沙土	风沙土	风沙土	中度风蚀风沙土

序号	地市名	县（旗、市、区）名	乡（镇）名	村名	经度（°′″）	纬度（°′″）	常年降水量（mm）	常年有效积温（℃）	常年无霜期（d）	地形部位
26	赤峰市	巴林右旗	查干诺尔镇	二八地村	119°21′45″	43°28′29″	300	2 550	130	平原低阶
27	赤峰市	巴林右旗	宝日勿苏镇	新井村	119°27′42″	43°34′13″	230	2 500	130	平原低阶
28	赤峰市	巴林右旗	大板镇	准宝日嘎查	118°53′26″	43°29′12″	350	2 500	127	平原低阶
29	赤峰市	巴林右旗	巴彦塔拉苏木	宝木图嘎查	118°45′52″	43°36′35″	300	2 500	127	山地坡上
30	赤峰市	巴林右旗	幸福之路苏木	幸福之路村	118°56′05″	43°49′07″	320	2 500	120	山地坡中
31	赤峰市	巴林右旗	巴彦琥硕镇	四家子	118°33′33″	43°48′54″	330	2 400	110	山地坡中
32	赤峰市	巴林右旗	巴彦塔拉苏木	达兰花村	119°06′59″	43°39′36″	350	3 200	125	山地坡中
33	赤峰市	巴林右旗	巴彦塔拉苏木	他本版嘎查	118°52′05″	43°42′06″	350	3 200	125	山地坡上
34	赤峰市	巴林右旗	查干沐沦镇	塔本花嘎查	118°32′04″	43°43′09″	330	2 400	110	山地坡中
35	赤峰市	巴林右旗	查干诺尔镇	下石村	119°11′29″	43°27′36″	300	2 550	130	平原低阶
36	赤峰市	巴林右旗	索博日嘎镇	包木绍绕嘎查	118°41′59″	44°07′54″	358	3 000	98	山地坡中
37	赤峰市	巴林右旗	幸福之路苏木	敖日盖嘎查	118°53′49″	43°52′43″	320	2 500	120	山地坡中
38	赤峰市	巴林右旗	达尔罕街道	德日苏宝冷嘎查	118°47′05″	43°31′11″	350	3 100	130	平原低阶
39	赤峰市	巴林右旗	大板镇	前进村	118°51′20″	43°24′04″	350	3 100	130	平原低阶

地块坡度（°）	海拔高度（m）	潜水埋深（m）	障碍因素	灌溉能力	排水能力	成土母质	土类	亚类	土属	土种
4	499.57	80	无	满足	满足	冲积洪积物	栗钙土	草甸栗钙土	冲积洪积栗淤土	壤质栗淤土
4	509	80	无	满足	满足	残积坡积物	棕壤土	生草棕壤土	黄黑棕土	少砾质厚层黄黑棕土
4	586.39	40	无	满足	满足	冲积洪积物	草甸土	暗色草甸土	黑淤土	壤质黑淤土
0	665.3	78	无	满足	满足	残积坡积物	栗钙土	暗栗钙土	黄黑土	少砾质厚层黄黑土
4	715	60	无	满足	满足	冲积洪积物	草甸土	石灰性草甸土	灰淤土	壤质灰淤土
4	838	60	无	满足	满足	冲积洪积物	栗钙土	草甸栗钙土	栗淤土	壤质栗淤土
4	750	60	无	满足	满足	冲积洪积物	栗钙土	典型栗钙土	栗黄土	无侵蚀栗黄土
3	673	60	无	满足	满足	风积沙	风沙土	草原风沙土	草原固定风沙土	弱度风蚀风沙土
4	758	60	无	满足	满足	冲积洪积物	栗钙土	暗栗钙	灰沙土	无砾质厚层灰沙土
4	555	80	无	满足	满足	冲积洪积物	草甸土	灰色草甸土	灰淤土	沙质灰淤土
4	927	60	无	满足	满足	冲积洪积物	栗钙土	草甸栗钙土	栗淤土	壤质栗淤土
4	759	60	无	满足	满足	冲积洪积物	栗钙土	暗栗钙	暗黄黑土	无砾质厚层暗黄黑土
4	585	80	无	满足	满足	冲积洪积物	栗钙土	典型栗钙土	栗黄土	无侵蚀栗黄土
4	556	60	无	满足	满足	冲积洪积物	栗钙土	典型栗钙土	栗黄土	无侵蚀栗黄土

序号	地市名	县（旗、市、区）名	乡（镇）名	村名	经度（°/′/″）	纬度（°/′/″）	常年降水量（mm）	常年有效积温（℃）	常年无霜期（d）	地形部位
40	赤峰市	巴林右旗	宝日勿苏镇	白音花嘎查	119°29′57″	43°36′09″	350	3 000	135	平原低阶
41	赤峰市	巴林右旗	宝日勿苏镇	宝日道布嘎查	119°29′48″	43°37′31″	350	3 000	135	平原低阶
42	赤峰市	巴林右旗	西拉沐沦苏木	哈日巴召嘎查	119°41′35″	43°33′37″	350	3 100	150	平原低阶
43	赤峰市	巴林右旗	西拉沐沦苏木	家属村	119°51′38″	43°21′55″	350	3 100	150	平原低阶
44	赤峰市	巴林右旗	西拉沐沦苏木	布敦花嘎查	119°29′36″	43°18′28″	350	3 100	150	平原低阶
45	赤峰市	巴林右旗	西拉沐沦苏木	跃进村	119°22′53″	43°16′18″	350	3 100	140	平原低阶
46	赤峰市	翁牛特旗	广德公镇	黄谷屯村	118°39′0.12″	42°50′49.71″	340	2 600	115	丘陵上部
47	赤峰市	翁牛特旗	桥头镇	太平庄村	118°57′57.35″	42°37′0.37″	320	2 700	125	丘陵中部
48	赤峰市	翁牛特旗	五分地镇	五分地村	118°35′35.22″	43°11′22.54″	350	2 600	123	丘陵下部
49	赤峰市	翁牛特旗	梧桐花镇	和平营子村	119°20′13.31″	42°49′25.68″	320	2 600	120	丘陵下部
50	赤峰市	翁牛特旗	乌丹镇	山嘴子村	118°57′3.13″	42°51′20.52″	350	2 800	125	丘陵下部
51	赤峰市	翁牛特旗	乌敦套海镇	二节地村	119°35′27.76″	42°43′17.96″	350	3 100	130	丘陵下部
52	赤峰市	翁牛特旗	白音套海苏木	双河嘎查	120°29′8.08″	43°11′52.58″	350	3 300	135	平原低阶
53	赤峰市	翁牛特旗	海拉苏镇	巴彦花嘎查	119°29′12.58″	43°14′35.22″	350	2 800	128	平原低阶

地块坡度（°）	海拔高度（m）	潜水埋深（m）	障碍因素	灌溉能力	排水能力	成土母质	土类	亚类	土属	土种
4	476	60	无	满足	满足	冲积洪积物	栗钙土	典型栗钙土	栗黄土	无侵蚀栗黄土
4	485	60	无	满足	满足	残积坡积物	棕壤土	生草棕壤	黄黑棕土	少砾质厚层黄黑棕土
4	495	60	无	满足	满足	冲积洪积物	栗钙土	典型栗钙土	栗黄土	无侵蚀栗黄土
4	400	60	无	满足	满足	风积沙	风沙土	草原风沙土	草原固定风沙土	弱度风蚀风沙土
4	443	60	无	满足	满足	冲积洪积物	草甸土	灰色草甸土	灰淤土	沙质灰淤土
4	473	80	无	满足	满足	冲积洪积物	栗钙土	典型栗钙土	栗黄土	弱度侵蚀栗黄土
0	817	40	无	满足	满足	冲积洪积物	栗钙土	典型栗钙土	冲积栗淤土	沙质冲积栗淤土
0	648	100	无	满足	满足	黄土及黄土状物	栗钙土	典型栗钙土	栗黄土	轻度侵蚀栗黄土
0	683	60	无	满足	满足	冲积洪积物	栗钙土	草甸栗钙土	栗淤土	沙壤质壤体栗淤土
5	714	80	无	基本满足	满足	风积沙	风沙土	固定风沙土	岗沼沙土	生草岗沼沙土
0	667	50	无	满足	满足	冲积洪积物	栗钙土	典型栗钙土	冲积栗淤土	轻壤质冲积栗淤土
0	445	30	无	满足	满足	冲积洪积物	草甸土	浅色草甸土	河淤土	沙质壤体河淤土
0	317	10	无	满足	满足	冲积洪积物	草甸土	盐化草甸土	沙质盐化草甸土	沙质轻度盐化草甸土
0	462	5	无	满足	满足	冲积洪积物	草甸土	盐化草甸土	沙质盐化草甸土	沙质轻度盐化草甸土

序号	地市名	县（旗、市、区）名	乡（镇）名	村名	经度（°/′/″）	纬度（°/′/″）	常年降水量（mm）	常年有效积温（℃）	常年无霜期（d）	地形部位
54	赤峰市	翁牛特旗	新苏莫苏木	大兴农场	120°37′45.65″	43°22′20.25″	350	3 400	140	平原低阶
55	赤峰市	翁牛特旗	格日僧苏木	示范牧场	119°54′21.29″	43°17′52.73″	350	2 900	130	平原低阶
56	赤峰市	翁牛特旗	解放营子乡	二台营子	119°05′13.76″	42°36′17.40″	320	2 600	125	丘陵下部
57	赤峰市	翁牛特旗	阿什罕苏木	那林高乐嘎查	119°41′36.39″	42°51′12.64″	320	2 800	128	丘陵下部
58	赤峰市	翁牛特旗	亿合公镇	旱泡子村	118°00′6.87″	42°44′26.59″	330	2 000	95	丘陵上部
59	赤峰市	翁牛特旗	亿合公镇	老府村二吉营子	118°11′0.99″	42°42′43.99″	330	2 000	98	丘陵上部
60	赤峰市	翁牛特旗	广德公镇	兰巴地村	118°28′26.05″	42°48′26.59″	410	2 200	115	丘陵上部
61	赤峰市	翁牛特旗	广德公镇	郝家窝铺	118°36′50.55″	42°54′47.45″	400	2 300	115	丘陵上部
62	赤峰市	翁牛特旗	毛山东乡	三家村	118°26′43.34″	43°14′38.25″	400	2 400	128	丘陵下部
63	赤峰市	翁牛特旗	毛山东乡	胡角吐	118°28′37.10″	43°14′56.46″	400	2 400	126	丘陵下部
64	赤峰市	翁牛特旗	五分地镇	新地村	118°29′19.72″	43°13′12.38″	420	2 800	128	丘陵下部
65	赤峰市	翁牛特旗	五分地镇	五分地村	118°34′22.38″	43°11′35.59″	420	2 600	125	丘陵下部
66	赤峰市	翁牛特旗	五分地镇	东他拉村	118°41′13.62″	43°11′43.06″	420	2 800	125	丘陵下部
67	赤峰市	翁牛特旗	五分地镇	东山村	118°46′13.93″	43°09′22.39″	420	2 600	128	丘陵下部

（续）

地块坡度（°）	海拔高度（m）	潜水埋深（m）	障碍因素	灌溉能力	排水能力	成土母质	土类	亚类	土属	土种
0	297	5	无	满足	满足	冲积洪积物	草甸土	浅色草甸土	河淤土	沙壤质河淤土
0	396	10	无	满足	满足	冲积洪积物	沼泽土	腐泥沼泽土	腐泥土	薄层腐泥沼泽土
2	582	50	无	基本满足	满足	冲积洪积物	栗钙土	典型栗钙土	栗灌淤土	沙壤质壤底栗灌淤土
2	460	20	无	基本满足	满足	冲积洪积物	草甸土	盐化草甸土	沙质盐化草甸土	沙质轻度盐化草甸土
0	1 542	90	障碍层次	不满足	满足	黄土及黄土状物	黑钙土	淋溶黑钙土	山地暗黄黑土	薄层无侵蚀暗黄黑土
0	1 081	20	无	不满足	满足	黄土及黄土状物	棕壤	钙积棕壤	钙积黄棕土	中度侵蚀钙积黄棕土
0	911	40	障碍层次	满足	满足	冲积洪积物	栗钙土	典型栗钙土	冲积栗淤土	轻壤质砾底冲积栗淤土
2	847	100	无	不满足	满足	黄土及黄土状物	栗钙土	典型栗钙土	栗黄土	轻度侵蚀栗黄土
0	731	40	瘠薄	基本满足	满足	黄土及黄土状物	栗钙土	典型栗钙土	沙黄栗土	轻度沙化沙黄栗土
0	648	45	无	基本满足	满足	黄土及黄土状物	栗钙土	典型栗钙土	沙黄栗土	轻度沙化沙黄栗土
2	718	40	无	满足	满足	黄土及黄土状物	栗钙土	典型栗钙土	沙黄栗土	中度沙化沙黄栗土
0	646	100	无	满足	满足	冲积洪积物	栗钙土	草甸栗钙土	栗淤土	沙壤质壤体栗淤土
0	618	25	无	满足	满足	冲积洪积物	栗钙土	草甸栗钙土	栗淤土	沙壤质栗淤土
0	618	30	无	满足	满足	冲积洪积物	草甸土	浅色草甸土	河淤土	沙质壤体河淤土

序号	地市名	县（旗、市、区）名	乡（镇）名	村名	经度（°′″）	纬度（°′″）	常年降水量（mm）	常年有效积温（℃）	常年无霜期（d）	地形部位
68	赤峰市	翁牛特旗	五分地镇	巴达营子村	118°38′55.31″	43°09′22.39″	420	2 700	128	丘陵中部
69	赤峰市	翁牛特旗	五分地镇	头分地村	118°45′22.63″	43°06′19.49″	420	2 800	128	丘陵中部
70	赤峰市	翁牛特旗	五分地镇	合成公村	118°34′22.86″	43°10′15.21″	420	2 700	128	丘陵下部
71	赤峰市	翁牛特旗	乌丹镇	巴嘎塔拉嘎查	119°12′01″	42°58′0.99″	400	2 800	126	丘陵下部
72	赤峰市	翁牛特旗	乌丹镇	白音汉嘎查	119°05′31.99″	42°58′00″	400	2 800	126	丘陵下部
73	赤峰市	翁牛特旗	乌丹镇	驿马吐	118°55′50″	42°50′58.99″	400	2 700	125	丘陵下部
74	赤峰市	翁牛特旗	乌丹镇	南兴隆地	118°55′32.99″	42°55′45″	400	2 750	128	丘陵下部
75	赤峰市	翁牛特旗	乌丹镇	哈日敖包嘎查	119°43′51.27″	42°33′10.35″	400	2 700	128	丘陵下部
76	赤峰市	翁牛特旗	乌丹镇	七分地	118°45′48.03″	42°51′4.73″	400	2 600	128	丘陵中部
77	赤峰市	翁牛特旗	乌丹镇	新地村	118°50′7.01″	42°50′07″	400	2 700	125	丘陵下部
78	赤峰市	翁牛特旗	紫城社区	德日苏	119°00′31.91″	42°57′50.85″	400	2 800	130	丘陵下部
79	赤峰市	翁牛特旗	海拉苏镇	海拉苏村	119°34′5.06″	43°14′33.94″	410	3 000	130	丘陵下部
80	赤峰市	翁牛特旗	梧桐花镇	下井村	119°08′2.29″	42°45′29.56″	400	2 600	127	丘陵下部
81	赤峰市	翁牛特旗	桥头镇	上桥头村	118°52′27.68″	42°37′42.82″	400	2 700	126	丘陵中部

地块坡度（°）	海拔高度（m）	潜水埋深（m）	障碍因素	灌溉能力	排水能力	成土母质	土类	亚类	土属	土种
0	934	90	无	满足	满足	黄土及黄土状物	棕壤	生草棕壤	黄棕土	轻度侵蚀黄棕土
0	681	78	无	满足	满足	黄土及黄土状物	栗钙土	典型栗钙土	栗黄土	轻度侵蚀栗黄土
0	713	85	无	满足	满足	冲积洪积物	栗钙土	典型栗钙土	冲积栗淤土	轻壤质冲积栗淤土
0	617	35	无	基本满足	满足	冲积洪积物	草甸土	盐化草甸土	冲积栗淤土	沙质轻度盐化草甸土
0	618	30	无	满足	满足	冲积洪积物	草甸土	盐化草甸土	冲积栗淤土	壤质轻度盐化草甸土
0	682	50	无	满足	满足	冲积洪积物	栗钙土	典型栗钙土	冲积栗淤土	轻壤质夹壤冲积栗淤土
0	680	30	无	满足	满足	冲积洪积物	栗钙土	典型栗钙土	冲积栗淤土	轻壤质冲积栗淤土
0	683	87	无	满足	满足	冲积洪积物	草甸土	盐化草甸土	冲积栗淤土	壤质中度盐化草甸土
0	768	50	无	满足	满足	黄土及黄土状物	栗钙土	典型栗钙土	栗黄土	中度侵蚀栗黄土
0	697	40	无	满足	满足	黄土及黄土状物	栗钙土	典型栗钙土	沙黄栗土	中度沙化沙黄栗土
0	630	27	无	满足	满足	黄土及黄土状物	栗钙土	典型栗钙土	冲积栗淤土	轻度侵蚀栗黄土
0	442	30	盐碱	满足	满足	冲积洪积物	草甸土	盐化草甸土	沙质盐化草甸土	沙质轻度盐化草甸土
0	679	60	无	满足	满足	冲积洪积物	栗钙土	草甸栗钙土	栗淤土	轻壤质栗淤土
0	683	100	无	满足	满足	冲积洪积物	栗钙土	典型栗钙土	冲积栗灌淤土	沙壤质壤体冲积栗灌淤土

序号	地市名	县（旗、市、区）名	乡（镇）名	村名	经度（°′″）	纬度（°′″）	常年降水量（mm）	常年有效积温（℃）	常年无霜期（d）	地形部位
82	赤峰市	翁牛特旗	桥头镇	崔家营村	118°53′58.88″	42°34′33.80″	400	2 700	126	丘陵中部
83	赤峰市	翁牛特旗	桥头镇	七大份村	118°58′4.36″	42°34′45.55″	400	2 700	128	丘陵中部
84	赤峰市	翁牛特旗	桥头镇	永兴河村	118°59′39.47″	42°39′45.62″	400	2 700	129	丘陵下部
85	赤峰市	翁牛特旗	桥头镇	灯笼村	118°46′21.69″	42°36′43.13″	400	2 600	125	丘陵中部
86	赤峰市	翁牛特旗	桥头镇	隋窝铺村	118°46′4.40″	42°35′18.30″	400	2 700	127	丘陵中部
87	赤峰市	翁牛特旗	桥头镇	房身村	118°50′14.34″	42°39′5.82″	400	2 700	127	丘陵中部
88	赤峰市	翁牛特旗	乌敦套海镇	下府村	119°43′53.31″	42°47′15.95″	410	3 300	132	丘陵下部
89	赤峰市	翁牛特旗	乌敦套海镇	玉田皋村	119°45′44.36″	42°48′50.29″	410	3 200	132	丘陵下部
90	赤峰市	翁牛特旗	乌敦套海镇	新府村	119°39′14.00″	42°46′33.99″	410	3 200	130	丘陵下部
91	赤峰市	翁牛特旗	乌敦套海镇	三十家子村	119°40′47.53″	42°41′00″	410	3 100	130	丘陵下部
92	赤峰市	翁牛特旗	乌敦套海镇	三道沟村	119°39′24.41″	42°38′33.84″	410	3 200	130	丘陵下部
93	赤峰市	翁牛特旗	乌敦套海镇	中心村	119°38′49.34″	42°42′18.64″	410	3 100	130	丘陵中部
94	赤峰市	翁牛特旗	格日僧苏木	赛罕塔拉	120°00′53.35″	43°17′24.99″	400	2 900	131	丘陵下部
95	赤峰市	翁牛特旗	格日僧苏木	太本艾勒	120°08′51.85″	43°16′24.57″	400	3 000	130	丘陵下部

地块坡度（°）	海拔高度（m）	潜水埋深（m）	障碍因素	灌溉能力	排水能力	成土母质	土类	亚类	土属	土种
0	683	110	无	满足	满足	冲积洪积物	栗钙土	典型栗钙土	冲积栗淤土	轻壤质夹沙冲积栗淤土
0	718	120	无	满足	满足	冲积洪积物	栗钙土	典型栗钙土	冲积栗淤土	轻壤质夹沙冲积栗淤土
0	648	29	无	满足	满足	黄土及黄土状物	栗钙土	典型栗钙土	栗黄土	轻度侵蚀栗黄土
0	752	70	无	满足	满足	冲积洪积物	栗钙土	典型栗钙土	冲积栗灌淤土	沙壤质冲积栗灌淤土
0	774	78	无	满足	满足	冲积洪积物	栗钙土	典型栗钙土	冲积栗灌淤土	沙壤质冲积栗灌淤土
0	757	60	无	满足	满足	冲积洪积物	栗钙土	典型栗钙土	冲积栗灌淤土	轻壤质冲积栗灌淤土
0	418	30	盐碱	满足	满足	冲积洪积物	草甸土	浅色草甸土	河淤土	沙壤质河淤土
0	413	40	盐碱	满足	满足	冲积洪积物	草甸土	浅色草甸土	河淤土	沙质夹壤河淤土
0	441	35	无	满足	满足	冲积洪积物	栗钙土	典型栗钙土	冲积栗淤土	轻壤质冲积栗淤土
0	448	60	无	满足	满足	冲积洪积物	栗钙土	典型栗钙土	冲积栗淤土	轻壤质冲积栗淤土
0	451	30	无	满足	满足	冲积洪积物	栗钙土	典型栗钙土	冲积栗淤土	轻壤质冲积栗淤土
0	470	50	无	满足	满足	黄土及黄土状物	栗钙土	典型栗钙土	沙黄栗土	轻度沙化沙黄栗土
0	372	1.2	无	满足	满足	冲积洪积物	沼泽土	草甸沼泽土	潴育土	薄层潴育土
0	365	1.2	无	满足	满足	冲积洪积物	草甸土	盐化草甸土	沙质盐化草甸土	沙质轻度盐化草甸土

序号	地市名	县（旗、市、区）名	乡（镇）名	村名	经度（°/′/″）	纬度（°/′/″）	常年降水量（mm）	常年有效积温（℃）	常年无霜期（d）	地形部位
96	赤峰市	翁牛特旗	格日僧苏木	额热茫哈	119°48′24.91″	43°13′19.38″	400	3 000	130	丘陵下部
97	赤峰市	翁牛特旗	格日僧苏木	敦吉	119°51′8.53″	43°14′9.85″	400	3 000	130	丘陵下部
98	赤峰市	翁牛特旗	格日僧苏木	阿日	119°48′44.23″	43°17′13.78″	400	3 000	130	丘陵下部
99	赤峰市	翁牛特旗	新苏莫苏木	花都什	120°15′30.60″	43°21′8.79″	400	3 000	130	丘陵下部
100	赤峰市	翁牛特旗	新苏莫苏木	花都什	120°15′34.09″	43°22′4.90″	400	3 000	130	丘陵下部
101	赤峰市	翁牛特旗	白音套海苏木	高日罕嘎查	120°15′54.14″	42°59′25.67″	380	3 200	130	丘陵下部
102	赤峰市	翁牛特旗	白音套海苏木	王家湾子嘎查	120°18′3.58″	43°00′32.25″	380	3 200	130	丘陵下部
103	赤峰市	翁牛特旗	白音套海苏木	宝泉嘎查	120°26′50.43″	43°09′48.35″	380	3 200	130	丘陵下部
104	赤峰市	阿鲁科尔沁旗	先锋乡	刁家段村	119°48′42″	43°53′46″	350	2 800	127	丘陵下部
105	赤峰市	阿鲁科尔沁旗	巴彦花镇	靠山村	119°46′27.70″	44°07′23.10″	350	2 700	126	山地坡下
106	赤峰市	阿鲁科尔沁旗	天山口镇	新立村	120°23′19.60″	43°44′25.40″	350	2 800	128	丘陵下部
107	赤峰市	阿鲁科尔沁旗	先锋乡	刁家段	119°47′24.10″	43°53′11.80″	350	2 800	126	丘陵下部
108	赤峰市	阿鲁科尔沁旗	乌兰哈达乡	联合庄	119°53′50.90″	43°58′28.30″	350	2 800	126	山地坡中
109	赤峰市	阿鲁科尔沁旗	乌兰哈达乡	联合庄	119°53′52.10″	43°58′18.60″	350	2 800	126	山地坡中

（续）

地块坡度（°）	海拔高度（m）	潜水埋深（m）	障碍因素	灌溉能力	排水能力	成土母质	土类	亚类	土属	土种
0	417	1.2	无	满足	满足	冲积洪积物	沼泽土	草甸沼泽土	潴育土	薄层潴育土
0	406	1.2	无	满足	满足	冲积洪积物	沼泽土	草甸沼泽土	潴育土	薄层潴育土
0	414	1.2	无	满足	满足	冲积洪积物	沼泽土	腐泥沼泽土	腐泥土	薄层腐泥沼泽土
0	350	3	无	满足	满足	冲积洪积物	草甸土	盐化草甸土	沙质盐化草甸土	沙质轻度盐化草甸土
0	350	3	无	满足	满足	冲积洪积物	草甸土	盐化草甸土	沙质盐化草甸土	沙质轻度盐化草甸土
0	342	4	无	满足	满足	冲积洪积物	草甸土	盐化草甸土	沙质盐化草甸土	沙质轻度盐化草甸土
0	342	4	无	满足	满足	冲积洪积物	草甸土	盐化草甸土	沙质盐化草甸土	沙质轻度盐化草甸土
0	380	4	无	满足	满足	冲积洪积物	草甸土	盐化草甸土	沙质盐化草甸土	沙质轻度盐化草甸土
0	438	30	无	充分满足	充分满足	冲积洪积物	栗钙土	草甸栗钙土	壤质栗淤土	轻壤质栗淤土
0	525	50	障碍层次	充分满足	充分满足	冲积洪积物	暗棕壤	草甸暗棕壤	沙底壤质淤潮暗棕壤	沙底壤质淤潮暗棕壤
0	345	60	障碍层次	不满足	充分满足	黄土及黄土状物	栗钙土	典型栗钙土	黄栗土	中度侵蚀黄栗土
0	402	50	无	充分满足	充分满足	冲积物	栗钙土	草甸栗钙土	壤质栗淤土	轻壤质栗淤土
0	501	60	无	基本满足	充分满足	黄土及黄土状物	栗钙土	典型栗钙土	黄栗土	轻度侵蚀黄栗土
1	508	60	无	不满足	充分满足	黄土及黄土状物	栗钙土	典型栗钙土	黄栗土	中度侵蚀黄栗土

序号	地市名	县（旗、市、区）名	乡（镇）名	村名	经度（°/′/″）	纬度（°/′/″）	常年降水量（mm）	常年有效积温（℃）	常年无霜期（d）	地形部位
110	赤峰市	阿鲁科尔沁旗	绍根镇	清河子嘎查	120°26′17.9″	43°41′51.4″	350	2 900	128	丘陵下部
111	赤峰市	阿鲁科尔沁旗	绍根镇	清河子嘎查	120°26′22.4″	43°41′53.5″	350	2 900	128	丘陵下部
112	赤峰市	阿鲁科尔沁旗	天山镇	新建村	119°49′59.6″	43°45′7.8″	350	2 800	127	丘陵下部
113	赤峰市	阿鲁科尔沁旗	天山口镇	三段	120°08′39.5″	43°36′55.8″	350	2 900	129	丘陵下部
114	赤峰市	阿鲁科尔沁旗	新民乡	浩力保村	120°02′30″	44°03′56″	350	2 800	126	丘陵下部
115	赤峰市	阿鲁科尔沁旗	天山口镇	三段村	120°10′48″	43°37′30″	350	2 900	129	丘陵下部
116	赤峰市	阿鲁科尔沁旗	天山镇	房申村	120°05′08″	43°54′43″	350	2 800	127	丘陵下部
117	赤峰市	阿鲁科尔沁旗	天山口	平安地	120°09′47″	43°40′48″	350	2 900	129	丘陵中部
118	赤峰市	阿鲁科尔沁旗	绍根镇	巴彦温度尔	120°18′12″	43°41′03″	350	2 900	129	丘陵中部
119	赤峰市	阿鲁科尔沁旗	乌兰哈达	温都河	119°58′01″	43°58′42″	350	2 800	126	丘陵中部
120	赤峰市	阿鲁科尔沁旗	天山口	平安地	120°10′51″	43°40′45″	350	2 900	129	丘陵中部
121	赤峰市	阿鲁科尔沁旗	绍根镇	巴彦温度尔	120°18′49″	43°41′55″	350	2 900	129	丘陵中部
122	赤峰市	阿鲁科尔沁旗	新民乡	浩力保村	120°02′00″	44°03′57″	350	2 800	126	丘陵下部
123	赤峰市	阿鲁科尔沁旗	巴彦花	白嘎力村	120°01′34″	44°05′58″	350	2 700	126	丘陵下部

地块坡度（°）	海拔高度（m）	潜水埋深（m）	障碍因素	灌溉能力	排水能力	成土母质	土类	亚类	土属	土种
0	303	30	无	充分满足	充分满足	冲积物	草甸土	典型草甸土	壤质冲淤土	轻壤质沙体冲淤土
0	305	30	无	充分满足	充分满足	冲积物	草甸土	典型草甸土	壤质冲淤土	轻壤质沙体冲淤土
0	376	30	盐碱	充分满足	满足	冲积物	沼泽土	草甸沼泽土	冲湖积潴育土	薄层冲湖积潴育土
0	335	30	无	满足	充分满足	风积物	风沙土	固定风沙土	固定沙甸土	无
0	406	20	无	满足	充分满足	冲积物	草甸土	典型草甸土	壤质灰淤土	轻壤质灰淤土
0	339	30	无	满足	充分满足	冲积物	草甸土	典型草甸土	壤质灰淤土	轻壤质灰淤土
0	376	30	无	满足	充分满足	冲积物	草甸土	典型草甸土	壤质冲淤土	轻壤质沙体冲淤土
0	406	30	盐碱	满足	充分满足	冲积洪积物	草甸土	灰色草甸土	沙质灰淤土	沙壤质灰淤土
0	325	20	盐碱	满足	充分满足	风积物	风沙土	草原风沙土	固定草原风沙土	林灌固定草原风沙土
0	437	30	无	满足	充分满足	冲积洪积物	栗钙土	草甸栗钙土	沙化草甸栗钙土	沙质淤草甸栗钙土
0	406	30	无	满足	充分满足	冲积洪积物	草甸土	灰色草甸土	沙质灰淤土	沙壤质灰淤土
0	376	30	无	充分满足	满足	风积物	风沙土	草原风沙土	固定草原风沙土	林灌固定草原风沙土
0	405	30	无	满足	充分满足	冲积洪积物	栗钙土	草甸栗钙土	淤草甸栗钙土	壤质淤草甸栗钙土
0	403	10	无	满足	充分满足	黄土及黄土状物	栗钙土	暗栗钙土	黄土质暗栗钙土	中层黄土质暗栗钙土

序号	地市名	县（旗、市、区）名	乡（镇）名	村名	经度（°/′/″）	纬度（°/′/″）	常年降水量（mm）	常年有效积温（℃）	常年无霜期（d）	地形部位
124	赤峰市	阿鲁科尔沁旗	巴彦花	白嘎力村	120°00′20″	44°05′53″	350	2 700	126	丘陵下部
125	赤峰市	阿鲁科尔沁旗	天山口	天海	120°09′09″	43°46′47″	350	2 900	128	丘陵下部
126	赤峰市	阿鲁科尔沁旗	天山口	胜联	120°10′33″	43°47′50″	350	2 900	128	丘陵中部
127	赤峰市	阿鲁科尔沁旗	巴拉奇如德苏木	图古日格	120°03′49″	43°27′28″	350	2 900	129	丘陵下部
128	赤峰市	阿鲁科尔沁旗	巴拉奇如德苏木	图古日格	120°05′21″	43°27′14″	350	2 900	129	丘陵下部
129	赤峰市	阿鲁科尔沁旗	天山口	大洼村	120°16′48″	43°51′22″	350	2 800	128	丘陵下部
130	赤峰市	阿鲁科尔沁旗	绍根镇	新立嘎查	120°28′43″	43°52′10″	350	2 800	126	丘陵下部
131	赤峰市	阿鲁科尔沁旗	绍根镇	新立嘎查	120°27′48″	43°51′38″	350	2 800	126	丘陵下部
132	赤峰市	阿鲁科尔沁旗	绍根镇	呼和格日	120°32′43″	43°50′55″	350	2 800	126	丘陵中部
133	赤峰市	阿鲁科尔沁旗	乌兰哈达	杏树	119°51′08″	44°00′40″	350	2 800	126	山地坡中
134	赤峰市	阿鲁科尔沁旗	乌兰哈达	全胜	119°46′38″	44°03′50″	350	2 800	126	山地坡下
135	赤峰市	阿鲁科尔沁旗	新民乡	东扫帚包	120°04′23″	43°59′14″	350	2 800	126	丘陵中部
136	赤峰市	阿鲁科尔沁旗	双胜镇	九井子	119°45′48″	43°35′34″	350	2 900	129	丘陵下部
137	赤峰市	阿鲁科尔沁旗	天山镇	和平	119°59′55″	43°58′17″	350	2 900	127	丘陵下部

地块坡度（°）	海拔高度（m）	潜水埋深（m）	障碍因素	灌溉能力	排水能力	成土母质	土类	亚类	土属	土种
0	418	10	无	满足	充分满足	黄土及黄土状物	栗钙土	暗栗钙土	黄土质暗栗钙土	中层黄土质暗栗钙土
0	347	20	无	满足	充分满足	黄土及黄土状物	栗钙土	栗钙土	黄土质栗钙土	中层黄土质栗钙土
0	394	50	瘠薄	不满足	充分满足	黄土及黄土状物	栗钙土	栗钙土	黄土质栗钙土	中层黄土质栗钙土
0	361	20	障碍层次	充分满足	充分满足	风积物	风沙土	草原风沙土	固定草原风沙土	固定草原风沙土
0	364	20	障碍层次	充分满足	充分满足	风积物	风沙土	草原风沙土	固定草原风沙土	固定草原风沙土
0	384	20	无	基本满足	充分满足	黄土及黄土状物	栗钙土	栗钙土	黄土质栗钙土	厚层黄土质栗钙土
0	299	20	无	充分满足	充分满足	冲积洪积物	草甸土	灰色草甸土	壤质灰淤土	轻壤质沙体灰淤土
0	278	20	无	充分满足	充分满足	冲积洪积物	草甸土	灰色草甸土	壤质灰淤土	轻壤质沙体灰淤土
0	285	20	障碍层次	充分满足	充分满足	风积物	风沙土	草原风沙土	固定草原风沙土	固定草原风沙土
0	518	40	无	满足	充分满足	黄土及黄土状物	栗钙土	栗钙土	黄土质栗钙土	中层黄土质栗钙土
0	550	40	无	满足	充分满足	冲积洪积物	栗钙土	草甸栗钙土	淤草甸栗钙土	壤质淤草甸栗钙土
0	379	30	无	满足	充分满足	黄土及黄土状物	栗钙土	栗钙土	黄土质栗钙土	中层黄土质栗钙土
0	392	30	无	满足	充分满足	冲积洪积物	草甸土	灰色草甸土	壤质灰淤土	轻壤质灰淤土
0	442	30	无	满足	充分满足	冲积洪积物	栗钙土	草甸栗钙土	淤草甸栗钙土	壤质淤草甸栗钙土

序号	地市名	县（旗、市、区）名	乡（镇）名	村名	经度（°/′/″）	纬度（°/′/″）	常年降水量（mm）	常年有效积温（℃）	常年无霜期（d）	地形部位
138	赤峰市	阿鲁科尔沁旗	巴拉奇如德苏木	合作村	119°58′21″	43°36′55″	350	2 900	129	丘陵下部
139	赤峰市	阿鲁科尔沁旗	巴拉奇如德苏木	合作村	119°56′45″	43°39′59″	350	2 900	129	丘陵下部
140	赤峰市	阿鲁科尔沁旗	先锋乡	高家段	119°41′58″	43°59′55″	350	2 800	127	山地坡下
141	赤峰市	阿鲁科尔沁旗	先锋乡	高家段	119°42′31″	43°59′44″	350	2 800	127	山地坡下
142	赤峰市	阿鲁科尔沁旗	天山镇	小铺	119°58′35″	43°52′19″	350	2 800	127	山地坡下
143	赤峰市	阿鲁科尔沁旗	绍根镇	查干浩特	120°13′39″	43°43′37″	350	2 900	129	丘陵下部
144	赤峰市	阿鲁科尔沁旗	绍根镇	查干浩特	120°16′09″	43°42′23″	350	2 900	129	丘陵下部
145	赤峰市	敖汉旗	新惠镇	红娘沟村一组	119°49′58″	42°18′25″	350	3 200	125	丘陵中部
146	赤峰市	敖汉旗	丰收乡	成兴太村城西组	120°12′29″	42°17′23″	400	3 250	130	平原中阶
147	赤峰市	敖汉旗	古鲁板蒿镇	新兴村三组	119°51′27″	42°46′15″	300	3 000	125	平原中阶
148	赤峰市	敖汉旗	黄羊洼镇	黄羊湖村下沟组	119°59′45″	42°36′12″	250	3 000	125	丘陵中部
149	赤峰市	敖汉旗	长胜镇	长胜村山根东组	120°09′31″	42°51′45″	250	3 100	126	平原中阶
150	赤峰市	敖汉旗	木头营子乡	东湾子村三组	120°13′19″	42°38′07″	125	3 000	125	平原中阶
151	赤峰市	敖汉旗	贝子府镇	徐家北沟村兰北组	120°22′51″	42°05′18″	400	3 000	128	丘陵下部

（续）

地块坡度（°）	海拔高度（m）	潜水埋深（m）	障碍因素	灌溉能力	排水能力	成土母质	土类	亚类	土属	土种
0	352	20	无	充分满足	充分满足	冲积洪积物	草甸土	盐化草甸土	盐化草甸土（亚类）	盐化草甸土（亚类）
0	358	20	无	充分满足	充分满足	冲积洪积物	草甸土	盐化草甸土	盐化草甸土（亚类）	盐化草甸土（亚类）
0	556	30	无	基本满足	充分满足	黄土及黄土状物	栗钙土	栗钙土	黄土质栗钙土	薄层黄土质栗钙土
0	581	30	瘠薄	不满足	充分满足	黄土及黄土状物	栗钙土	栗钙土	黄土质栗钙土	薄层黄土质栗钙土
0	501	40	无	不满足	充分满足	冲积洪积物	栗钙土	草甸栗钙土	淤草甸栗钙土	壤质淤草甸栗钙土
0	339	20	瘠薄	满足	充分满足	冲积洪积物	栗钙土	草甸栗钙土	淤草甸栗钙土	壤质淤草甸栗钙土
0	326	20	无	满足	充分满足	冲积洪积物	草甸土	盐化草甸土	盐化草甸土（亚类）	盐化草甸土（亚类）
2	699	30	无	满足	满足	黄土及黄土状物	栗钙土	栗钙土	栗黄土	轻度侵蚀栗黄土
0	528	24	无	充分满足	基本满足	冲积物	褐土	潮褐土	轻壤质潮褐土	轻壤质褐淤土
0	471	10	无	基本满足	基本满足	冲积物	潮土	潮土	中壤质湖淤土	中壤质黏体湖淤土
2	505	8	无	基本满足	充分满足	风积沙	栗钙土	栗钙土	栗黄粉沙土	重度风蚀沙化栗黄粉沙土
0	403	80	无	基本满足	基本满足	冲积物	潮土	盐化潮土	盐化潮土	轻度盐化潮土
2	464	9	无	充分满足	基本满足	冲积物	潮土	潮土	壤质潮土	壤质潮土
2	631	20	无	满足	满足	黄土及黄土状物	褐土	褐土	褐黄土	轻度侵蚀褐黄土

序号	地市名	县（旗、市、区）名	乡（镇）名	村名	经度（°/′/″）	纬度（°/′/″）	常年降水量（mm）	常年有效积温（℃）	常年无霜期（d）	地形部位
152	赤峰市	敖汉旗	四家子镇	扣河林村五组	120°03′33″	41°51′02″	350	3 200	130	山地坡下
153	赤峰市	敖汉旗	萨力巴乡	安家胡同村三组	119°42′44″	42°33′19″	260	2 900	125	丘陵中部
154	赤峰市	敖汉旗	玛尼罕乡	哈拉乌苏村哈南组	120°00′35″	42°28′25″	300	3 000	130	丘陵中部
155	赤峰市	敖汉旗	下洼镇	贺也村谢家店组	120°36′52″	42°26′35″	400	3 100	130	丘陵中部
156	赤峰市	敖汉旗	牛古吐镇	北台子村沟北组	120°13′00″	42°27′59″	280	3 000	125	丘陵下部
157	赤峰市	敖汉旗	新惠镇	蒙古营子村	119°56′59″	42°15′22″	350	3 000	125	丘陵中部
158	赤峰市	敖汉旗	新惠镇	大官营子村	119°52′39″	42°08′04″	350	3 200	125	山地坡下
159	赤峰市	敖汉旗	长胜镇	马架子村	120°12′43″	42°52′21″	250	3 100	126	平原低阶
160	赤峰市	敖汉旗	敖润苏莫苏木	乌兰章古村	120°03′35″	42°56′16″	250	3 100	126	平原低阶
161	赤峰市	敖汉旗	萨力巴乡	老牛槽沟村	119°47′31″	42°21′19″	260	2 900	125	平原低阶
162	赤峰市	敖汉旗	兴隆洼镇	大甸子村	120°35′15″	42°17′49″	400	3 100	130	平原高阶
163	赤峰市	敖汉旗	兴隆洼镇	何家窝铺村	122°36′33″	42°16′22″	400	3 100	130	丘陵下部
164	赤峰市	敖汉旗	金厂沟梁镇	石匠沟村	120°12′16″	41°57′28″	350	3 200	130	山地坡下
165	赤峰市	敖汉旗	四家子镇	五马沟村	120°06′03″	41°47′37″	350	3 200	130	山地坡下

（续）

地块 坡度 （°）	海拔 高度 （m）	潜水 埋深 （m）	障碍 因素	灌溉 能力	排水 能力	成土 母质	土类	亚类	土属	土种
3	573	30	无	不满足	充分 满足	黄土及黄 土状物	褐土	淋溶褐土	淋溶褐 黄土	轻度侵蚀 淋溶褐黄土
0	503	22	无	充分 满足	满足	风积沙	栗钙土	栗钙土	栗黄粉 沙土	轻度风蚀 沙化栗黄粉 沙土
4	531	35	无	基本 满足	充分 满足	黄土及黄 土状物	栗钙土	栗钙土	栗黄土	风蚀沙化 栗黄土
3	490	25	无	充分 满足	基本 满足	黄土及黄 土状物	栗钙土	栗钙土	栗黄土	中度侵蚀 栗黄土
1	521	15	无	基本 满足	满足	黄土及黄 土状物	栗钙土	草甸栗钙土	轻壤质栗 淤土	轻壤质栗 淤土
1	660	30	无	充分 满足	充分 满足	黄土及黄 土状物	褐土	碳酸盐褐土	石灰褐 黄土	轻度侵蚀 石灰褐黄土
0	678	20	无	不满足	充分 满足	黄土及黄 土状物	褐土	碳酸盐褐土	石灰褐 黄土	轻度侵蚀 石灰褐黄土
0	379	40	无	充分 满足	基本 满足	冲积物	潮土	草甸潮土	轻壤质河 淤土	轻壤质沙 底河淤土
0	391	20	无	充分 满足	基本 满足	风积沙	风沙土	固定风沙土	生草风 沙土	生草风 沙土
0	654	50	无	充分 满足	基本 满足	残积坡 积物	栗钙土	栗钙土	栗黄粉 沙土	轻度风蚀 沙化栗黄粉 沙土
0	514	25	无	满足	满足	黄土及黄 土状物	褐土	褐土	褐黄土	平地无侵 蚀褐黄土
0	470	50	无	不满足	充分 满足	黄土及黄 土状物	褐土	褐土	褐黄土	轻度侵蚀 褐黄土
1	650	60	无	充分 满足	基本 满足	黄土及黄 土状物	褐土	潮褐土	淤潮褐土	轻壤质褐 淤土
0	514	15	无	充分 满足	基本 满足	黄土及黄 土状物	褐土	碳酸盐褐土	石灰褐 黄土	轻度侵蚀 褐黄土

序号	地市名	县（旗、市、区）名	乡（镇）名	村名	经度（°′″）	纬度（°′″）	常年降水量（mm）	常年有效积温（℃）	常年无霜期（d）	地形部位
166	赤峰市	敖汉旗	长胜镇	六顷地村	120°09′59″	42°47′27″	250	3 100	126	平原低阶
167	赤峰市	敖汉旗	长胜镇	齐家窝铺村	120°13′48″	42°48′27″	250	3 100	126	平原低阶
168	赤峰市	敖汉旗	敖润苏莫苏木	海布日嘎村	120°09′02″	42°52′21″	250	3 100	126	平原低阶
169	赤峰市	敖汉旗	敖润苏莫苏木	荷也勿苏村	120°17′33″	42°53′53″	250	3 100	126	平原低阶
170	赤峰市	敖汉旗	兴隆洼镇	大青山村	120°47′06″	42°13′47″	400	3 100	130	丘陵下部
171	赤峰市	敖汉旗	兴隆洼镇	东新地村	120°30′15″	42°18′34″	400	3 100	130	山地坡中
172	赤峰市	敖汉旗	兴隆洼镇	大甸子村	120°35′09″	42°17′24″	400	3 100	130	山地坡中
173	赤峰市	敖汉旗	贝子府镇	贝子府村	120°22′54″	42°08′33″	400	3 000	128	山地坡中
174	赤峰市	敖汉旗	贝子府镇	大平房村	120°33′05″	42°11′32″	400	3 000	128	平原中阶
175	赤峰市	敖汉旗	玛尼罕乡	五十家子村	120°02′44″	42°28′58″	300	3 000	130	丘陵中部
176	赤峰市	敖汉旗	玛尼罕乡	草绳营子村	119°58′48″	42°33′58″	300	3 000	130	丘陵下部
177	赤峰市	敖汉旗	黄羊洼镇	牛力皋村	119°53′24″	42°41′08″	250	3 000	125	丘陵上部
178	赤峰市	敖汉旗	黄羊洼镇	荷也勿丹村	120°11′59″	42°42′25″	250	3 000	125	平原低阶
179	赤峰市	敖汉旗	丰收乡	门斗营子村	120°04′47″	42°14′00″	400	3 250	130	平原低阶

（续）

地块坡度(°)	海拔高度(m)	潜水埋深(m)	障碍因素	灌溉能力	排水能力	成土母质	土类	亚类	土属	土种
0	392	30	无	充分满足	基本满足	冲积物	潮土	灰色潮土	灰色河淤土	沙壤质通体灰色河淤土
0	382	20	无	充分满足	基本满足	冲积物	潮土	灰色潮土	灰色河淤土	轻壤质沙体灰色河淤土
0	387	35	无	充分满足	基本满足	风积沙	风沙土	固定风沙土	固定风沙土	灌丛风沙土
0	376	65	无	充分满足	基本满足	冲积物	潮土	灰色潮土	灰色河淤土	中壤质褐淤土
0	376	25	无	满足	满足	黄土及黄土状物	褐土	淋溶褐土	淋溶褐黄土	中度侵蚀淋溶褐黄土
0	581	40	无	充分满足	基本满足	黄土及黄土状物	褐土	碳酸盐褐土	石灰褐黄土	中度侵蚀石灰褐黄土
0	542	30	无	不满足	充分满足	黄土及黄土状物	褐土	褐土	褐黄土	中度侵蚀褐黄土
0	643	10	无	不满足	充分满足	黄土及黄土状物	褐土	碳酸盐褐土	石灰褐黄土	中度侵蚀石灰褐黄土
0	510	18	无	充分满足	基本满足	冲积物	褐土	潮褐土	淤潮褐土	轻壤质褐淤土
2	475	10	无	不满足	充分满足	残积坡积物	栗钙土	栗钙土	栗黄粉沙土	轻度风蚀沙化栗黄粉沙土
0	527	60	无	满足	满足	残积坡积物	栗钙土	栗钙土	栗黄粉沙土	轻度风蚀沙化栗黄粉沙土
0	615	50	无	不满足	充分满足	残积坡积物	栗钙土	栗钙土	栗黄粉沙土	轻度风蚀沙化栗黄粉沙土
0	410	60	无	充分满足	基本满足	冲积物	栗钙土	草甸栗钙土	栗淤土	中壤质夹沙栗淤土
0	618	15	无	满足	满足	冲积物	褐土	潮褐土	淤潮褐土	轻壤质褐淤土

序号	地市名	县（旗、市、区）名	乡（镇）名	村名	经度（°/′/″）	纬度（°/′/″）	常年降水量（mm）	常年有效积温（℃）	常年无霜期（d）	地形部位
180	赤峰市	敖汉旗	丰收乡	东八家村	120°13′46″	42°15′14″	400	3 250	130	山地坡下
181	赤峰市	敖汉旗	四道湾子镇	艮兑营子村	119°39′13″	42°17′34″	350	3 200	135	山地坡中
182	赤峰市	敖汉旗	四道湾子镇	六道湾子村	119°37′03″	42°29′21″	350	3 200	135	平原低阶
183	赤峰市	敖汉旗	四家子镇	南大城村	120°04′34″	41°43′37″	400	3 400	135	山地坡下
184	赤峰市	敖汉旗	金厂沟梁镇	段木梁村	120°13′39″	41°59′14″	350	3 200	130	山地坡下
185	赤峰市	敖汉旗	金厂沟梁镇	下查干高勒村	120°14′48″	42°01′22″	350	3 200	130	山地坡上
186	赤峰市	敖汉旗	长胜镇	榆树林子村	120°16′42″	42°47′23″	250	3 100	126	平原低阶
187	赤峰市	敖汉旗	木头营子乡	前井村	120°24′16″	42°41′12″	250	3 000	125	平原低阶
188	赤峰市	敖汉旗	牛古吐镇	浩雅日哈达村	120°19′29″	42°27′57″	280	3 000	125	平原低阶
189	赤峰市	敖汉旗	牛古吐镇	牛古吐村	120°17′14″	42°25′36″	280	3 000	125	丘陵下部
190	赤峰市	敖汉旗	下洼镇	东古鲁板蒿村	120°33′36″	42°25′31″	400	3 100	130	山地坡下
191	赤峰市	敖汉旗	下洼镇	朱家窝铺村	120°32′16″	42°33′01″	400	3 100	130	平原低阶
192	赤峰市	敖汉旗	新惠镇	三宝山村	119°49′39″	42°21′13″	350	3 200	125	山地坡下
193	赤峰市	敖汉旗	新惠镇	哈达吐村	119°56′01″	42°20′05″	350	3 200	125	平原低阶

（续）

地块坡度（°）	海拔高度（m）	潜水埋深（m）	障碍因素	灌溉能力	排水能力	成土母质	土类	亚类	土属	土种
2	587	25	无	充分满足	基本满足	黄土及黄土状物	褐土	碳酸盐褐土	石灰褐黄土	轻度侵蚀褐黄土
1	548	56	无	不满足	充分满足	黄土及黄土状物	褐土	碳酸盐褐土	石灰褐黄土	中度侵蚀褐黄土
0	450	20	无	充分满足	基本满足	冲积物	潮土	盐化潮土	盐化潮土	稻改盐化潮土
2	513	35	无	充分满足	基本满足	黄土及黄土状物	褐土	淋溶褐土	淋溶褐黄土	轻度侵蚀淋溶褐黄土
2	679	70	无	不满足	充分满足	黄土及黄土状物	褐土	淋溶褐土	淋溶褐黄土	中度侵蚀淋溶褐黄土
0	684	100	无	不满足	充分满足	黄土及黄土状物	褐土	碳酸盐褐土	石灰褐黄土	剧烈侵蚀石灰褐黄土
0	387	48	无	充分满足	基本满足	冲积物	潮土	灰色潮土	灰色河淤土	轻壤质沙体灰色河淤土
0	416	18	无	充分满足	基本满足	冲积物	栗钙土	草甸栗钙土	栗淤土	沙壤质栗淤土
0	494	34	无	不满足	充分满足	残积坡积物	栗钙土	栗钙土	栗黄粉沙土	轻度风蚀沙化栗黄粉沙土
2	532	30	无	满足	满足	黄土及黄土状物	栗钙土	栗钙土	栗黄土	风蚀沙化栗黄土
0	505	40	无	充分满足	基本满足	黄土及黄土状物	褐土	褐土	褐黄土	重度侵蚀褐黄土
0	420	85	无	充分满足	基本满足	残积坡积物	栗钙土	栗钙土	栗黄粉沙土	轻度风蚀沙化栗黄粉沙土
0	642	120	无	满足	满足	黄土及黄土状物	褐土	褐土	褐黄土	轻度侵蚀褐黄土
0	546	20	无	充分满足	基本满足	冲积物	栗钙土	草甸栗钙土	栗淤土	轻壤质栗淤土

序号	地市名	县（旗、市、区）名	乡（镇）名	村名	经度（°′″）	纬度（°′″）	常年降水量（mm）	常年有效积温（℃）	常年无霜期（d）	地形部位
194	赤峰市	敖汉旗	萨力巴乡	张家营子村	119°44′21″	42°25′27″	260	2 900	125	山地坡下
195	赤峰市	敖汉旗	萨力巴乡	萨力巴村	119°42′44″	42°27′42″	260	2 900	125	平原低阶
196	赤峰市	敖汉旗	古鲁板蒿镇	古鲁板蒿村	119°48′11″	42°39′44″	300	3 000	125	平原低阶
197	赤峰市	敖汉旗	古鲁板蒿镇	山咀村	119°46′23″	42°41′30″	300	3 000	125	平原低阶
198	赤峰市	敖汉旗	四道湾子镇	四道湾子村	119°36′24.6″	42°27′33.3″	350	3 200	135	平原低阶
199	赤峰市	巴林左旗	十三敖包镇	十三敖包前村	119°20′01″	44°04′50″	360	2 600	116	平原低阶
200	赤峰市	巴林左旗	隆昌镇	乌兰哈达村	119°41′6.18″	43°45′0.61″	260	2 800	125	丘陵中部
201	赤峰市	巴林左旗	隆昌镇	乌兰哈达村	119°40′36.44″	43°45′12.91″	270	2 800	125	丘陵下部
202	赤峰市	巴林左旗	隆昌镇	隆昌村	119°39′38.2″	43°47′56.9″	230	2 800	125	平原低阶
203	赤峰市	巴林左旗	三山镇	新农村	119°26′56.4″	44°24′28.7″	290	2 400	115	平原中阶
204	赤峰市	巴林左旗	花加拉嘎乡	上三七地村	119°28′0.96″	44°08′39.3″	300	2 650	125	平原低阶
205	赤峰市	巴林左旗	哈拉哈达镇	北房身村	119°05′57.6″	43°57′57.0″	270	2 400	115	丘陵下部
206	赤峰市	巴林左旗	隆昌镇	白音沟村	119°32′48.6″	43°54′24.7″	240	2 700	125	平原低阶
207	赤峰市	巴林左旗	林东镇	太平地村	119°24′32.8″	44°01′22.8″	260	2 700	125	平原低阶

（续）

地块坡度（°）	海拔高度（m）	潜水埋深（m）	障碍因素	灌溉能力	排水能力	成土母质	土类	亚类	土属	土种
2	578	45	无	满足	满足	黄土及黄土状物	褐土	褐土	褐黄土	轻度侵蚀褐黄土
0	548	50	无	不满足	充分满足	黄土及黄土状物	栗钙土	栗钙土	栗黄土	风蚀沙化栗黄土
0	449	30	无	满足	满足	冲积物	栗钙土	草甸栗钙土	栗淤土	沙质栗淤土
0	447	30	无	满足	满足	黄土及黄土状物	栗钙土	栗钙土	栗黄土	风蚀沙化栗黄土
0	445	5	无	充分满足	基本满足	冲积物	潮土	盐化潮土	盐化潮土	稻改盐化潮土
0	499.2	30	无	满足	满足	冲积物	栗钙土	草甸栗钙土	栗淤土	中壤质栗淤土
7	445	70	无	满足	满足	黄土及黄土状物	栗钙土	典型栗钙土	栗黄土	轻度侵蚀栗黄土
5	454	100	无	满足	满足	黄土及黄土状物	栗钙土	粗骨栗钙土	栗钙性粗骨土	栗钙性粗骨土
0	421	10	无	满足	满足	风积沙	栗钙土	草甸栗钙土	栗淤土	沙壤质栗淤土
0	739	70	无	满足	满足	冲积物	棕壤土	草甸棕壤土	潮棕淤土	沙壤质潮棕淤土
0	573	40	无	满足	满足	冲积物	栗钙土	草甸栗钙土	栗淤土	沙壤质栗淤土
5	798	100	无	满足	满足	黄土及黄土状物	栗钙土	暗栗钙土	暗栗黄土	轻度侵蚀暗栗黄土
0	448	25	无	满足	满足	冲积物	草甸土	灰色草甸土	灰色河淤土	轻度灰色河淤土
0	491	8	无	满足	满足	冲积物	草甸土	盐化草甸土	壤质盐化草甸土	壤质轻度盐化草甸土

序号	地市名	县（旗、市、区）名	乡（镇）名	村名	经度（°′″）	纬度（°′″）	常年降水量（mm）	常年有效积温（℃）	常年无霜期（d）	地形部位
208	赤峰市	巴林左旗	隆昌镇	联合村	119°30′54.29″	43°51′53.9″	300	2 700	125	平原低阶
209	赤峰市	巴林左旗	林东镇	朝阳营子村	119°10′48.68″	44°00′34.2″	300	2 700	125	平原低阶
210	赤峰市	巴林左旗	十三敖包镇	海兴村	119°22′41.30″	44°02′35.1″	300	2 700	125	平原低阶
211	赤峰市	巴林左旗	十三敖包镇	潘家段村	119°25′6.888″	44°15′29.592″	300	2 600	120	平原低阶
212	赤峰市	巴林左旗	十三敖包镇	洞山村	119°18′52.2″	44°10′19.524″	300	2 600	120	平原低阶
213	赤峰市	巴林左旗	十三敖包镇	尖山子村	119°13′53.652″	44°05′22.2″	300	2 600	120	平原低阶
214	赤峰市	巴林左旗	隆昌镇	双胜村	119°39′59.616″	43°51′21.024″	300	2 800	127	平原低阶
215	赤峰市	巴林左旗	隆昌镇	三段村	119°39′14.616″	43°42′9.827″	300	2 800	127	平原低阶
216	赤峰市	巴林左旗	隆昌镇	隆胜村	119°42′52.524″	43°47′4.416″	300	2 800	127	平原低阶
217	赤峰市	巴林左旗	隆昌镇	双庙村	119°29′28.072″	43°52′46.121″	300	2 800	127	丘陵下部
218	赤峰市	巴林左旗	隆昌镇	黄家营子村	119°24′3.060″	43°45′37.799″	300	2 800	127	平原低阶
219	赤峰市	巴林左旗	隆昌镇	下东沟村	119°36′52.308″	43°43′7.14″	300	2 800	127	丘陵下部
220	赤峰市	巴林左旗	花加拉嘎乡	下三七地村	119°27′5.364″	44°07′26.436″	300	2 650	120	平原低阶
221	赤峰市	巴林左旗	花加拉嘎乡	钱龙沟村	119°30′24.444″	44°11′15.755″	300	2 650	120	平原低阶

地块坡度（°）	海拔高度（m）	潜水埋深（m）	障碍因素	灌溉能力	排水能力	成土母质	土类	亚类	土属	土种
0	490	35	无	满足	满足	冲积物	栗钙土	草甸栗钙土	栗淤土	轻壤质砾低栗淤土
0	681	3	无	满足	满足	黄土及黄土状物	棕壤	钙积棕壤	钙黄棕土	轻度侵蚀钙黄棕土
0	504	15	无	满足	满足	冲积物	栗钙土	盐化草甸土	壤质盐化草甸土	壤质轻度盐化草甸土
0	732	120	无	满足	满足	黄土及黄土状物	栗钙土	暗栗钙土	栗黄土	中度侵蚀暗栗黄土
0	560	10	无	满足	满足	冲积物	草甸土	盐化草甸土	壤质盐化草甸土	壤质中度盐化草甸土
0	613	20	无	满足	满足	黄土及黄土状物	栗钙土	暗栗钙土	栗黄土	轻度侵蚀暗栗黄土
0	422	3	无	满足	满足	冲积物	草甸土	灰色草甸土	灰色河淤土	沙壤质灰色河淤土
3	461	40	无	满足	满足	黄土及黄土状物	栗钙土	暗栗钙土	栗黄土	中度侵蚀栗黄土
0	404	10	无	满足	满足	洪积物	栗钙土	草甸栗钙土	栗洪淤土	轻壤质栗淤土
4	529	30	无	满足	满足	黄土及黄土状物	栗钙土	暗栗钙土	栗黄土	中度侵蚀暗栗黄土
0	630	100	无	满足	满足	黄土及黄土状物	栗钙土	暗栗钙土	栗黄土	中度侵蚀栗黄土
2	474	100	无	满足	满足	黄土及黄土状物	栗钙土	暗栗钙土	栗黄土	轻度侵蚀栗黄土
0	581	40	无	满足	满足	冲积物	栗钙土	草甸栗钙土	栗淤土	沙壤质栗淤土
0	660	120	无	满足	满足	黄土及黄土状物	栗钙土	暗栗钙土	栗黄土	重度侵蚀暗栗黄土

序号	地市名	县（旗、市、区）名	乡（镇）名	村名	经度（°/′/″）	纬度（°/′/″）	常年降水量（mm）	常年有效积温（℃）	常年无霜期（d）	地形部位
222	赤峰市	巴林左旗	花加拉嘎乡	小营子村	119°30′41.616″	44°10′15.492″	300	2 650	123	平原低阶
223	赤峰市	巴林左旗	花加拉嘎乡	郑家段村	119°31′34.104″	44°15′7.344″	300	2 650	120	丘陵下部
224	赤峰市	巴林左旗	碧流台镇	中段村	119°11′42.864″	44°14′47.832″	300	2 450	115	平原低阶
225	赤峰市	巴林左旗	碧流台镇	北山湾村	119°06′48.996″	44°11′49.524″	300	2 450	115	平原低阶
226	赤峰市	巴林左旗	碧流台镇	五香营子村	119°09′58.572″	44°13′41.484″	300	2 450	115	平原低阶
227	赤峰市	松山区	哈拉道口镇	横牌子村	119°35′4.6″	42°38′10.7″	390	3 400	140	丘陵中部
228	赤峰市	松山区	哈拉道口镇	太平沟村	119°27′28″	42°36′54.6″	390	3 400	140	丘陵下部
229	赤峰市	松山区	太平地镇	山前村	119°33′43.2″	42°29′52.4″	390	3 400	140	平原低阶
230	赤峰市	松山区	太平地镇	兴隆沟村	119°22′39″	42°31′50.9″	390	3 400	140	丘陵中部
231	赤峰市	松山区	安庆镇	板石图村	119°19′23.2″	42°24′29.6″	390	3 400	140	平原低阶
232	赤峰市	松山区	夏家店	八家村	119°07′37.7″	42°19′24.8″	390	3 400	140	平原低阶
233	赤峰市	松山区	当铺地满族乡	北道村	118°48′47.9″	42°21′28.3″	400	3 300	135	平原低阶
234	赤峰市	松山区	城子乡	塔子村	118°39′33.9″	42°09′47.8″	400	3 300	135	丘陵下部
235	赤峰市	松山区	初头朗镇	薛家地村	118°26′04.4″	42°22′8.7″	400	3 200	130	平原低阶

地块坡度（°）	海拔高度（m）	潜水埋深（m）	障碍因素	灌溉能力	排水能力	成土母质	土类	亚类	土属	土种
0	616	50	无	满足	满足	冲积物	栗钙土	草甸栗钙土	栗洪淤土	轻壤质栗洪淤土
3	714	20	无	满足	满足	黄土及黄土状物	栗钙土	暗栗钙土	栗黄土	轻度侵蚀暗栗黄土
0	630	25	无	满足	满足	黄土及黄土状物	栗钙土	暗栗钙土	栗黄土	中度侵蚀暗栗黄土
0	650	4	无	满足	满足	冲积物	草甸土	暗色河淤土	暗色河淤土	中壤质暗色河淤土
0	620	6	无	满足	满足	冲积物	草甸土	暗色河淤土	暗色河淤土	中壤质暗色河淤土
3	556	20	无	不满足	充分满足	黄土及黄土状物	黑垆土	黄黑垆土	黄黑垆土	厚体黄黑垆土
0	488	15	无	不满足	充分满足	黄土及黄土状物	黄绵土	黄绵土	黄土	轻度侵蚀暗黄土
0	444	1	无	满足	满足	冲积洪积物	草甸土	浅色草甸土	盐化草甸土	中度盐化草甸土
0	523	20	无	不满足	充分满足	黄土及黄土状物	黄绵土	黄绵土	黄土	中度侵蚀黄土
0	493	4	无	满足	充分满足	冲积洪积物	褐土	褐土性土	潮褐土	壤质沙底褐淤土
0	519	6	无	满足	充分满足	黄土及黄土状物	黄绵土	黄绵土	黄土	中度侵蚀黄土
0	604	3	无	满足	充分满足	冲积洪积物	褐土	褐土性土	潮褐土	沙质壤底褐淤土
5	743	15	无	不满足	充分满足	冲积洪积物	褐土	褐土性土	潮褐土	通体壤质褐淤土
0	754	3	无	满足	充分满足	冲积洪积物	褐土	褐土性土	潮褐土	沙质夹壤褐淤土

序号	地市名	县（旗、市、区）名	乡（镇）名	村名	经度（°′″）	纬度（°′″）	常年降水量（mm）	常年有效积温（℃）	常年无霜期（d）	地形部位
236	赤峰市	松山区	岗子乡	芥菜沟村	118°24′35.3″	42°34′15.6″	400	3 200	130	山地坡下
237	赤峰市	松山区	老府镇	小河沿村	118°16′45″	42°12′10.5″	400	3 200	130	平原低阶
238	赤峰市	松山区	初头朗镇	初头朗村	118°38′56.3″	42°19′39.0″	400	3 200	130	平原低阶
239	赤峰市	松山区	哈拉道口镇	大兰旗村	119°25′17.7″	42°36′29.3″	390	3 400	140	丘陵中部
240	赤峰市	松山区	上官地镇	碱场村	118°42′17.7″	42°28′40.6″	400	3 200	130	丘陵中部
241	赤峰市	松山区	王府镇	王府村	118°26′45″	42°13′55.3″	400	3 200	130	平原低阶
242	赤峰市	松山区	大庙镇	公主陵村	118°21′21.5″	42°22′55.4″	400	3 200	130	平原低阶
243	赤峰市	松山区	穆家营子镇	西道村	118°46′9.7″	42°12′54″	400	3 300	135	平原低阶
244	赤峰市	松山区	大夫营子乡	顾营子村	118°14′1.8″	42°27′44.5″	400	2 900	120	山地坡下
245	赤峰市	松山区	安庆镇	唐营子村	119°15′26.7″	42°30′15.9″	400	3 400	140	丘陵中部
246	赤峰市	松山区	初头朗镇	那不打村	118°27′1.8″	42°25′40.8″	400	3 200	130	丘陵中部
247	赤峰市	松山区	大庙镇	艾苏坡村	118°20′13.1″	42°25′34.5″	400	3 200	130	丘陵中部
248	赤峰市	松山区	当铺地满族乡	石匠沟村	118°49′49.0″	42°26′59″	400	3 300	135	丘陵中部
249	赤峰市	松山区	老府镇	姜家营子村	118°10′00″	42°13′2.6″	400	3 200	130	丘陵上部

地块坡度（°）	海拔高度（m）	潜水埋深（m）	障碍因素	灌溉能力	排水能力	成土母质	土类	亚类	土属	土种
5	1 068	30	无	不满足	充分满足	黄土及黄土状物	褐土	褐土性土	褐黄土	轻度片蚀褐黄土
0	786	2	无	满足	充分满足	冲积洪积物	褐土	褐土性土	潮褐土	通体壤质褐淤土
0	665	2	障碍层次	满足	充分满足	冲积洪积物	风沙土	流动风沙土	流动风沙土	极严重风蚀风沙土
7	497	15	障碍层次	不满足	充分满足	黄土及黄土状物	黄绵土	黄绵土	黄土	轻度侵蚀暗黄土
0	775	5	无	基本满足	充分满足	冲积洪积物	褐土	褐土性土	潮褐土	通体壤质褐淤土
0	732	3	无	满足	充分满足	冲积洪积物	褐土	褐土性土	潮褐土	通体壤质褐淤土
0	777	2	障碍层次	满足	充分满足	冲积洪积物	草甸土	浅色草甸土	浅色草甸土	沙质草甸土
0	657	3	无	满足	充分满足	冲积洪积物	褐土	褐土性土	潮褐土	通体壤质褐淤土
4	1 150	20	无	不满足	充分满足	黄土及黄土状物	褐土	褐土性土	褐黄土	中度切割褐黄土
5	647	6	无	不满足	充分满足	黄土及黄土状物	黄绵土	黄绵土	黄土	中度侵蚀黄土
10	905	15	无	不满足	充分满足	黄土及黄土状物	黄绵土	黄绵土	黄土	轻度侵蚀暗黄土
6	1 006	15	无	不满足	充分满足	黄土及黄土状物	黄绵土	黄绵土	黄土	中度侵蚀黄土
5	706	10	无	不满足	充分满足	黄土及黄土状物	黄绵土	黄绵土	黄土	中度侵蚀黄土
7	915	15	无	不满足	充分满足	黄土及黄土状物	黄绵土	黄绵土	黄土	中度侵蚀黄土

序号	地市名	县（旗、市、区）名	乡（镇）名	村名	经度（°/′/″）	纬度（°/′/″）	常年降水量（mm）	常年有效积温（℃）	常年无霜期（d）	地形部位
250	赤峰市	松山区	上官地镇	北新井村	118°33′55.3″	42°34′23.9″	400	3 300	135	丘陵中部
251	赤峰市	松山区	太平地镇	六分地村	119°26′51″	42°28′32.2″	390	3 400	140	平原中阶
252	赤峰市	松山区	王府镇	任营子村	118°20′8.8″	42°15′37.1″	400	3 200	130	丘陵下部
253	赤峰市	松山区	夏家店乡	鸡冠山村	119°06′51.5″	42°23′50.3″	390	3 400	140	丘陵中部
254	赤峰市	松山区	上官地镇	山咀村	118°39′11.21″	42°29′53.76″	400	3 200	130	丘陵中部
255	赤峰市	松山区	夏家店乡	平房村	118°58′39.73″	42°23′20.27″	390	3 400	140	丘陵下部
256	赤峰市	松山区	初头朗镇	肖家地村	118°36′6.40″	42°23′31.44″	400	3 200	130	丘陵中部
257	赤峰市	松山区	大庙镇	圣佛庙村	118°21′18.62″	42°28′56.26″	400	3 200	130	丘陵中部
258	赤峰市	松山区	老府镇	下井村	118°14′09.83″	42°17′19.14″	400	3 200	130	丘陵下部
259	赤峰市	松山区	初头朗镇	三把伙村	118°43′37.02″	42°17′40.2″	400	3 200	130	丘陵中部
260	赤峰市	红山区	红庙子镇	东南营子村	119°07′44.4″	42°17′56.399 4″	380	3 000	135	平原低阶
261	赤峰市	红山区	文钟镇	东三眼井村	118°35′38.399 4″	42°07′47.496″	380	3 000	135	山地坡下
262	赤峰市	红山区	文钟镇	柳条沟村	118°54′46.95″	42°05′32.76″	380	3 000	135	山地坡中
263	赤峰市	元宝山区	美丽河镇	前美丽河村	119°17′29″	42°07′29″	400	3 100	135	平原低阶

（续）

地块坡度（°）	海拔高度（m）	潜水埋深（m）	障碍因素	灌溉能力	排水能力	成土母质	土类	亚类	土属	土种
4	917	20	无	不满足	充分满足	黄土及黄土状物	黄绵土	黄绵土	黄土	中度侵蚀黄土
0	493	3	无	满足	充分满足	黄土及黄土状物	黄绵土	黄绵土	黄土	中度侵蚀黄土
4	857	6	无	不满足	充分满足	黄土及黄土状物	黄绵土	黄绵土	黄土	中度侵蚀黄土
8	616	15	无	不满足	充分满足	黄土及黄土状物	黄绵土	黄绵土	黄土	中度侵蚀黄土
0	889	30	无	不满足	充分满足	黄土及黄土状物	褐土	褐土性土	褐黄土	中度切割褐黄土
0	731	30	瘠薄	不满足	充分满足	黄土及黄土状物	黄绵土	黄绵土	黄土	中度侵蚀黄土
0	786	30	无	不满足	充分满足	黄土及黄土状物	褐土	褐土性土	褐黄土	轻度片蚀褐黄土
0	1 065	30	无	不满足	充分满足	黄土及黄土状物	褐土	褐土性土	褐黄土	中度切割褐黄土
0	975	30	瘠薄	不满足	充分满足	黄土及黄土状物	黄绵土	黄绵土	黄土	重度侵蚀鸡粪黄土
0	838	30	无	不满足	充分满足	黄土及黄土状物	褐土	褐土性土	褐黄土	轻度片蚀褐黄土
0	527	30	无	充分满足	满足	黄土及黄土状物	黄绵土	壤质黄绵土	壤质土	淡栗褐土
0	673	120	无	不满足	满足	黄土及黄土状物	黄绵土	壤质黄绵土	壤质土	淡栗褐土
10	740	120	无	不满足	满足	黄土及黄土状物	黄绵土	黄绵土	黄土	轻度侵蚀暗黄土
0	476.28	8	无	满足	满足	黄土及黄土状物	褐土	碳酸盐褐土	石灰褐红土	轻度侵蚀褐红土

序号	地市名	县（旗、市、区）名	乡（镇）名	村名	经度（°′″）	纬度（°′″）	常年降水量（mm）	常年有效积温（℃）	常年无霜期（d）	地形部位
264	赤峰市	元宝山区	美丽河镇	新安屯村	119°15′37″	42°06′41″	400	3 100	135	平原低阶
265	赤峰市	元宝山区	平庄镇	大三家村	119°18′42″	41°59′24″	400	3 100	135	平原低阶
266	赤峰市	元宝山区	风水沟镇	哈拉木头村	119°28′34″	42°22′03″	400	3 100	135	平原低阶
267	赤峰市	元宝山区	小五家乡	老西营子村	119°10′50″	42°07′49″	400	3 100	135	山地坡中
268	赤峰市	元宝山区	元宝山镇	南荒村	119°17′17″	42°22′22″	400	3 100	135	平原低阶
269	赤峰市	喀喇沁旗	锦山镇	阳坡村	118°48′39.99″	41°59′49.79″	420	2 700	130	山地坡下
270	赤峰市	喀喇沁旗	美林镇	金家店村	118°23′9.87″	41°41′17.55″	450	2 100	110	山地坡下
271	赤峰市	喀喇沁旗	王爷府镇	庙沟村	118°26′49.31″	41°50′3.42″	430	2 300	115	山地坡下
272	赤峰市	喀喇沁旗	小牛群镇	通太沟村	118°35′39.09″	41°59′43.04″	430	2 700	130	山地坡下
273	赤峰市	喀喇沁旗	西桥镇	土城子村	119°10′8.45″	41°50′51.85″	410	3 100	135	平原低阶
274	赤峰市	喀喇沁旗	牛营子镇	永丰村	118°39′22.18″	42°02′4.84″	420	2 700	130	山地坡下
275	赤峰市	喀喇沁旗	乃林镇	甘苏庙村	119°18′15.15″	41°53′0.45″	400	3 100	135	平原低阶
276	赤峰市	喀喇沁旗	南台子乡	北山根村	118°27′59″	42°03′44″	450	2 300	120	山地坡下
277	赤峰市	喀喇沁旗	牛家营子镇	山前村	118°40′30″	42°06′09″	350	2 600	125	山地坡中

地块坡度（°）	海拔高度（m）	潜水埋深（m）	障碍因素	灌溉能力	排水能力	成土母质	土类	亚类	土属	土种
0	510.7	30	无	满足	满足	黄土及黄土状物	黄绵土	黄绵土	黄土	轻度侵蚀黄土
0	489.95	12	无	满足	满足	黄土及黄土状物	褐土	草甸褐土	褐淤土	壤质褐淤土
0	490	20	无	满足	满足	黄土及黄土状物	风沙土	固定风沙土	林地风沙土	林地风沙土
0	590	25	无	不满足	满足	黄土及黄土状物	黄绵土	黄绵土	黄土	轻度侵蚀黄土
0	450	15	无	满足	满足	黄土及黄土状物	风沙土	固定风沙土	生草风沙土	生草风沙土
0	731.9	20	无	不满足	满足	冲积洪积物	灌淤潮土	灌淤潮土	轻壤质灌淤潮土	轻壤质灌淤潮土
2	955.9	8	无	不满足	充分满足	黄土及黄土状物	棕壤	棕壤	黄土质棕壤	厚层黄土质棕壤
3	905.5	15	障碍层次	不满足	充分满足	残积坡积物	粗骨土	中性粗骨土	中性粗骨土	中性粗骨土
3	837.4	18	无	充分满足	充分满足	冲积洪积物	栗褐土	潮栗褐土	淤潮栗褐土	壤质淤潮栗褐土
0	532.7	23	无	充分满足	满足	冲积洪积物	潮土	盐化潮土	盐化潮土	盐化潮土
0	853.9	46	无	基本满足	满足	黄土及黄土状物	栗褐土	淡栗褐土	黄土质淡栗褐土	薄层黄土质淡栗褐土
0	509.4	20	无	满足	满足	冲积洪积物	栗褐土	潮栗褐土	淤潮栗褐土	壤质淤潮栗褐土
2	915	50	无	充分满足	满足	黄土及黄土状物	栗褐土	淡栗褐土	黄土质淡栗褐土	中层黄土质淡栗褐土
0	776	50	瘠薄	不满足	充分满足	黄土及黄土状物	栗褐土	淡栗褐土	黄土质淡栗褐土	中层黄土质淡栗褐土

序号	地市名	县(旗、市、区)名	乡(镇)名	村名	经度(°/′/″)	纬度(°/′/″)	常年降水量(mm)	常年有效积温(℃)	常年无霜期(d)	地形部位
278	赤峰市	喀喇沁旗	小牛群镇	大牛群村	118°36′31″	41°58′22″	350	2 700	127	山地坡下
279	赤峰市	喀喇沁旗	十家乡	上店村	119°03′59″	41°56′44″	300	2 900	135	山地坡中
280	赤峰市	林西县	统部镇	碧流汰村	117°50′10″	43°56′42″	330	2 000	100	平原中阶
281	赤峰市	林西县	新林镇	上升村	118°03′26″	43°55′45″	300	2 100	105	平原中阶
282	赤峰市	林西县	官地镇	上官地村	118°15′25″	43°44′12″	380	2 300	120	平原低阶
283	赤峰市	林西县	大井镇	红星村	118°20′50″	43°37′33″	340	2 400	120	平原低阶
284	赤峰市	林西县	大营子乡	东升村	118°06′39″	43°40′41″	300	2 300	120	平原中阶
285	赤峰市	林西县	新城子镇	双兴村	118°18′21″	43°19′16″	280	2 600	125	平原中阶
286	赤峰市	林西县	大井镇	东方红村	118°20′12.9″	43°39′14.044″	340	2 300	120	平原中阶
287	赤峰市	林西县	五十家子镇	轿顶山村	118°17′32.222 4″	43°57′21.157 2″	280	2 000	100	平原低阶
288	赤峰市	林西县	五十家子镇	轿顶山村	118°17′20″	43°57′55″	280	2 000	100	平原中阶
289	赤峰市	林西县	新林镇	大乌兰村	118°04′07″	44°01′32″	300	2 000	100	丘陵下部
290	赤峰市	林西县	统部镇	五四村	117°52′2.179 2″	43°55′17.392 8″	330	2 000	100	丘陵下部
291	赤峰市	林西县	大营子乡	繁荣村	118°05′18.175 2″	43°42′28.818 0″	300	2 400	125	丘陵下部

（续）

地块坡度（°）	海拔高度（m）	潜水埋深（m）	障碍因素	灌溉能力	排水能力	成土母质	土类	亚类	土属	土种
2	792	52	无	满足	满足	冲积洪积物	栗褐土	潮栗褐土	淤潮栗褐土	壤质淤潮栗褐土
0	691	28	无	不满足	充分满足	黄土及黄土状物	栗褐土	淡栗褐土	黄土质淡栗褐土	中层黄土质淡栗褐土
0	953	30	无	充分满足	不满足	冲积洪积物	栗钙土	草甸栗钙土	淤草甸栗钙土	壤质淤草甸栗钙土
0	834	30	无	充分满足	不满足	冲积洪积物	栗钙土	草甸栗钙土	淤草甸栗钙土	壤质淤草甸栗钙土
0	733.7	60	无	充分满足	不满足	冲积洪积物	栗钙土	草甸栗钙土	淤草甸栗钙土	壤质淤草甸栗钙土
0	681	15	无	充分满足	不满足	冲积洪积物	草甸土	草甸土	壤质草甸土	轻壤质草甸土
0	828	40	无	充分满足	不满足	冲积洪积物	栗钙土	草甸栗钙土	淤草甸栗钙土	壤质淤草甸栗钙土
0	746	80	无	充分满足	不满足	风积沙	风沙土	草原风沙土	固定草原风沙土	固定草原风沙土
0	685	8	无	充分满足	不满足	冲积洪积物	栗钙土	草甸栗钙土	淤草甸栗钙土	壤质淤草甸栗钙土
0	793	14	无	充分满足	不满足	冲积洪积物	栗钙土	草甸栗钙土	淤草甸栗钙土	沙质淤草甸栗钙土
0	800	15	无	充分满足	不满足	冲积洪积物	栗钙土	草甸栗钙土	淤草甸栗钙土	砾质淤草甸栗钙土
0	868	60	无	充分满足	不满足	黄土及黄土状物	栗钙土	暗栗钙土	黄土质暗栗钙土	厚层黄土质暗栗钙土
1	959	100	无	充分满足	不满足	黄土及黄土状物	栗钙土	暗栗钙土	黄土质暗栗钙土	厚层黄土质暗栗钙土
2	861	36	无	充分满足	不满足	黄土及黄土状物	栗钙土	暗栗钙土	黄土质暗栗钙土	中层黄土质暗栗钙土

序号	地市名	县（旗、市、区）名	乡（镇）名	村名	经度（°/′/″）	纬度（°/′/″）	常年降水量（mm）	常年有效积温（℃）	常年无霜期（d）	地形部位
292	赤峰市	林西县	官地镇	上官地村	118°16′13.044″	43°44′5.37″	380	2 400	125	平原低阶
293	赤峰市	林西县	新城子镇	双兴村	118°16′50.199 6″	43°20′21.994 8″	280	2 600	130	平原中阶
294	赤峰市	克什克腾旗	土城子镇	哈巴其拉村	118°19′16.04″	43°14′35.47″	260	2 700	125	山地坡下
295	赤峰市	克什克腾旗	万合永镇	中心村	117°53′58.59″	43°17′47.45″	370	2 200	115	山地坡下
296	赤峰市	克什克腾旗	红山子乡	双合旺村	117°22′58.55″	42°50′57.34″	450	2 000	95	山地坡下
297	赤峰市	克什克腾旗	芝瑞镇	合胜村	117°44′6.86″	42°55′38.73″	460	1 900	95	山地坡上
298	赤峰市	克什克腾旗	经棚镇	常善村	117°35′46.38″	43°26′34.84″	420	1 950	100	山地坡下
299	赤峰市	克什克腾旗	宇宙地镇	刘营子村	117°50′33.96″	43°31′31.52″	430	2 500	120	平原低阶
300	赤峰市	克什克腾旗	万合永镇	大河村	118°02′1.34″	43°10′51.04″	380	2 600	125	山地坡下
301	赤峰市	克什克腾旗	土城子镇	铁营子村	118°15′9.12″	43°06′51.52″	380	2 700	128	平原低阶
302	赤峰市	克什克腾旗	宇宙地镇	东升村	117°52′2.30″	43°34′41.92″	380	2 100	115	山地坡中
303	赤峰市	克什克腾旗	宇宙地镇	很黑村	117°41′40.03″	43°28′26.93″	400	2 300	115	山地坡下
304	赤峰市	克什克腾旗	同兴镇	天合村	117°37′18.87″	43°56′10.40″	420	2 000	115	山地坡下
305	赤峰市	克什克腾旗	万合永镇	新井村	117°52′34.23″	43°22′43.06″	380	2 300	110	山地坡下

（续）

地块坡度（°）	海拔高度（m）	潜水埋深（m）	障碍因素	灌溉能力	排水能力	成土母质	土类	亚类	土属	土种
0	734	15	无	充分满足	不满足	冲积洪积物	栗钙土	草甸栗钙土	淤草甸栗钙土	壤质淤草甸栗钙土
0	790	83	无	充分满足	不满足	冲积洪积物	栗钙土	草甸栗钙土	淤草甸栗钙土	壤质淤草甸栗钙土
0	700.1	40	无	满足	充分满足	冲积洪积物	栗钙土	暗栗钙土	淤暗栗钙土	壤质淤暗栗钙土
0	890	20	无	满足	充分满足	黄土及黄土状物	栗钙土	暗栗钙土	黄土质暗栗钙土	厚层黄土质暗栗钙土
10	1 535	80	瘠薄	不满足	充分满足	风积沙	草原风沙土	草原风沙土	固定草原风沙土	林灌固定草原风沙土
15	1 575	80	无	满足	充分满足	黄土及黄土状物	黑钙土	黑钙土	黄土质黑钙土	厚层黄土质黑钙土
5	1 285	20	无	基本满足	充分满足	残积坡积物	灰色森林土	灰色森林土	石质灰色森林土	厚层石质灰色森林土
0	925.2	30	无	满足	充分满足	冲积洪积物	栗钙土	草甸栗钙土	淤草甸栗钙土	壤质淤草甸栗钙土
0	820.3	15	无	满足	满足	风积沙	栗钙土	暗栗钙土	沙化暗栗钙土	轻沙化暗栗钙土
0	829.9	40	无	满足	满足	冲积洪积物	栗钙土	草甸栗钙土	淤草甸栗钙土	沙质淤草甸栗钙土
10	972.5	70	无	基本满足	充分满足	黄土及黄土状物	栗钙土	暗栗钙土	黄土质暗栗钙土	厚层黄土质暗栗钙土
0	1 143.2	50	无	满足	充分满足	冲积洪积物	草甸土	石灰性草甸土	沙质石灰性草甸土	壤体沙质石灰性草甸土
0	1 134.8	3	障碍层次	基本满足	基本满足	残积坡积物	灰色森林土	灰色森林土	石质灰色森林土	薄层石质灰色森林土
0	1 035.1	60	无	基本满足	充分满足	黄土及黄土状物	栗钙土	暗栗钙土	黄土质暗栗钙土	薄层黄土质暗栗钙土

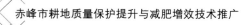
序号	地市名	县（旗、市、区）名	乡（镇）名	村名	经度（°/′/″）	纬度（°/′/″）	常年降水量（mm）	常年有效积温（℃）	常年无霜期（d）	地形部位
306	赤峰市	克什克腾旗	万合永镇	广义村	117°58′2.71″	43°06′40.29″	425	2 700	125	山地坡下
307	赤峰市	克什克腾旗	土城子镇	石门沟村	118°09′8.95″	42°57′45.89″	450	1 950	100	山地坡上
308	赤峰市	克什克腾旗	芝瑞镇	富盛永村	117°34′28.99″	43°00′58.86″	400	2 500	120	山地坡下
309	赤峰市	克什克腾旗	芝瑞镇	大院村	117°49′25.29″	42°46′5.57″	480	1 800	100	山地坡上
310	赤峰市	克什克腾旗	红山子乡	大浩来图村	117°26′31.95″	42°55′50.70″	460	2 300	110	山地坡下
311	赤峰市	克什克腾旗	经棚镇	白土村	117°02′31.24″	43°10′13.89″	300	1 900	95	山地坡中
312	赤峰市	克什克腾旗	新开地乡	红石砬村	118°15′59.27″	42°55′47.94″	350	2 100	110	山地坡上

地块坡度（°）	海拔高度（m）	潜水埋深（m）	障碍因素	灌溉能力	排水能力	成土母质	土类	亚类	土属	土种
0	884.9	20	无	满足	满足	风积沙	栗钙土	暗栗钙土	沙化暗栗钙土	轻沙化暗栗钙土
15	1 370.3	100	无	不满足	充分满足	残积坡积物	黑钙土	黑钙土	石质黑钙土	中层石质黑钙土
0	1 089.1	30	瘠薄	满足	充分满足	风积沙	草原风沙土	草原风沙土	固定草原风沙土	林灌固定草原风沙土
5	1 582.7	50	无	不满足	充分满足	黄土及黄土状物	黑钙土	黑钙土	黄土质黑钙土	中层黄土质黑钙土
0	1 214.2	40	障碍层次	基本满足	充分满足	冲积洪积物	黑钙土	草甸黑钙土	淤草甸黑钙土	沙质淤草甸黑钙土
10	1 373.5	60	瘠薄	不满足	充分满足	风积沙	草原风沙土	草原风沙土	固定草原风沙土	林灌固定草原风沙土
0	1 257	100	无	基本满足	充分满足	黄土及黄土状物	栗钙土	暗栗钙土	黄土质暗栗钙土	厚层黄土质暗栗钙土

图书在版编目（CIP）数据

赤峰市耕地质量保护提升与减肥增效技术推广 / 聂大杭等主编. —北京：中国农业出版社，2024.3
ISBN 978-7-109-31874-8

Ⅰ.①赤⋯ Ⅱ.①聂⋯ Ⅲ.①耕地保护－研究－赤峰②合理施肥－研究－赤峰 Ⅳ.①F323.211②S147.35

中国国家版本馆 CIP 数据核字（2024）第 069297 号

中国农业出版社出版
地址：北京市朝阳区麦子店街 18 号楼
邮编：100125
责任编辑：郑　君　　文字编辑：郝小青
版式设计：杨　婧　　责任校对：吴丽婷
印刷：北京中兴印刷有限公司
版次：2024 年 3 月第 1 版
印次：2024 年 3 月北京第 1 次印刷
发行：新华书店北京发行所
开本：700mm×1000mm　1/16
印张：15.25
字数：250 千字
定价：98.00 元